やさしくわかる!

文系のための東大の先生が教える免疫と感染症

JN188691

監修 石井 健
東京大学教授

はじめに

2020年におこった新型コロナウイルスのパンデミックは，感染症などとっくに征服したと思っていた現代の社会に，大きな混乱とその対策の困難さを突きつけました。一方で，**医療機関，研究機関，製薬企業，行政機関が一体となって解決に向かう希望をも与えてくれました。**

みなさん，もうコロナのことは忘れたい，のど元過ぎたと思いたいでしょう。でも，感染症の脅威は今後も続くでしょう。このような状況の中で，毎回その都度その場しのぎの知識と対策でいてはよくないと思いませんか？　でも，感染症や免疫学はむずかしそうだし，いろいろな専門用語が出てきて勉強するにもとっつきにくいなと思っていませんか？

今回，ニュートンプレスからそんな方々にぴったりな，問答式のわかりやすい「免疫と感染症」の本が出ました。免疫の“いろは”，自然免疫と獲得免疫，どんな免疫細胞が何をしているのか，どんな病気やワクチンに役に立っているのか，とてもわかりやすく説明されています。感染症も，ウイルス，細菌，寄生虫など多くの病原体や，それにかかわる病気や対策，予防などにも，身近なところから世界を見据えたグローバルな視点まで網羅されています。私も監修していて，こんなにわかりやすいのに，専門家でも「ほうっ」と驚きと納得が得られる，痒いところに手が届く内容に感心しました。

文系といわず，どなたも手に取って興味のわく部分から読みはじめられるといいと思います。おすすめです。

監修
東京大学医科学研究所教授
石井 健

目次

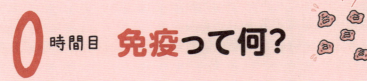

0時間目 免疫って何?

STEP 1

病原体をやっつけろ!

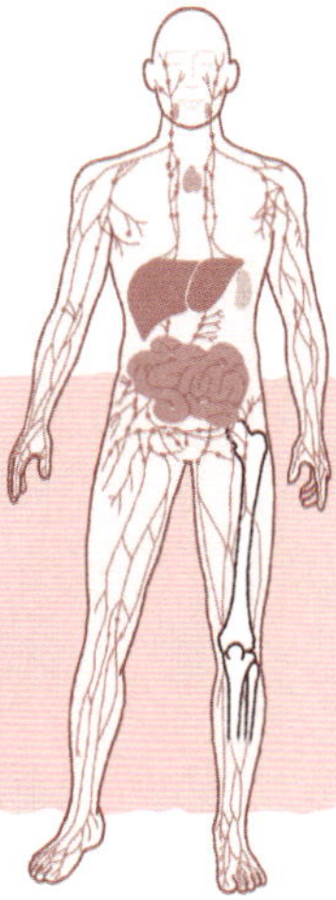

1時間目 体を守る免疫のしくみ

STEP 1

2段階の免疫システム

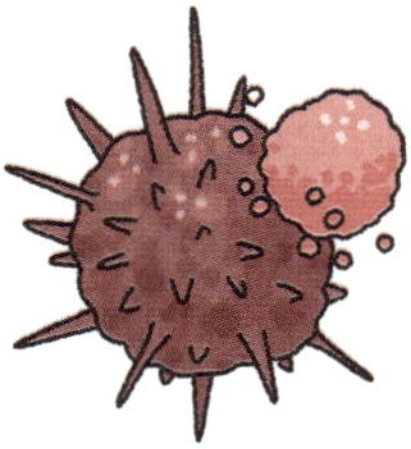

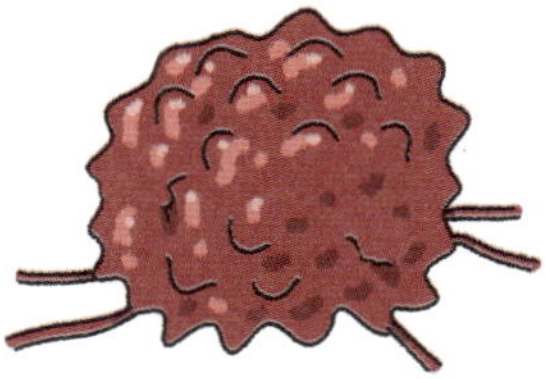

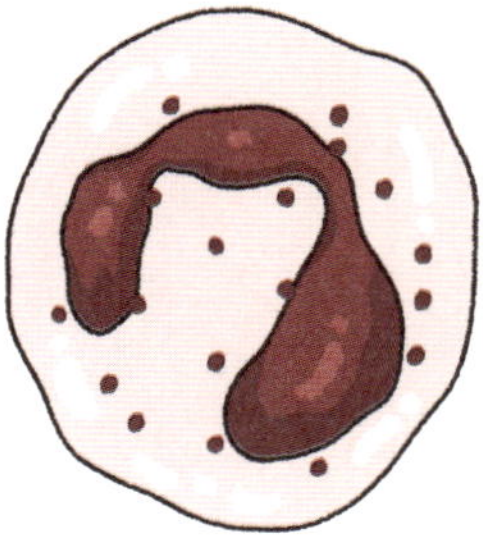

STEP 2

免疫細胞が精鋭部隊になるまで

STEP 3

“免疫力”を上げよう！

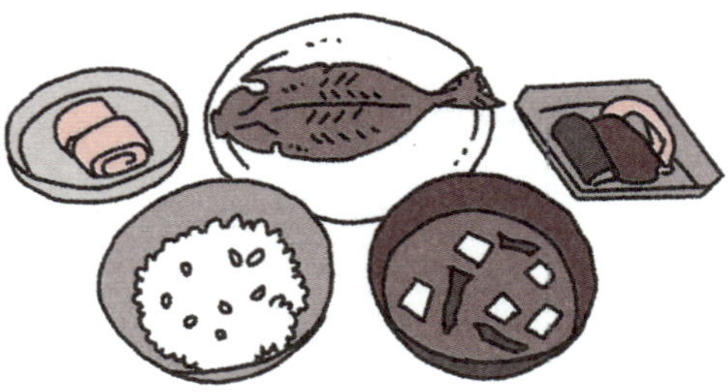

2時間目 免疫の不調がもたらす病気

STEP 1

免疫の暴走「アレルギー」と「自己免疫疾患」

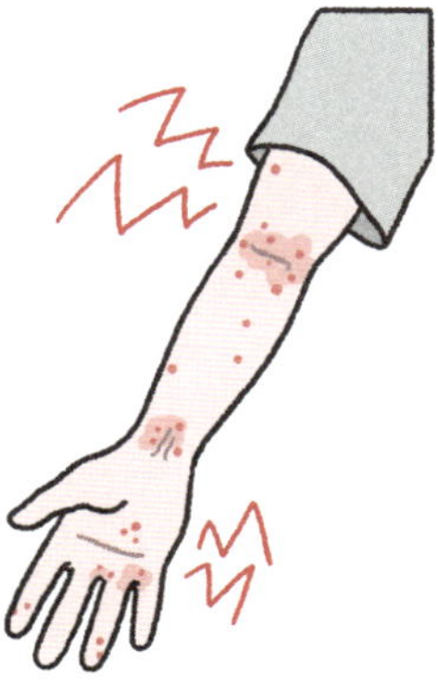

STEP 2

免疫にブレーキをかける「がん」

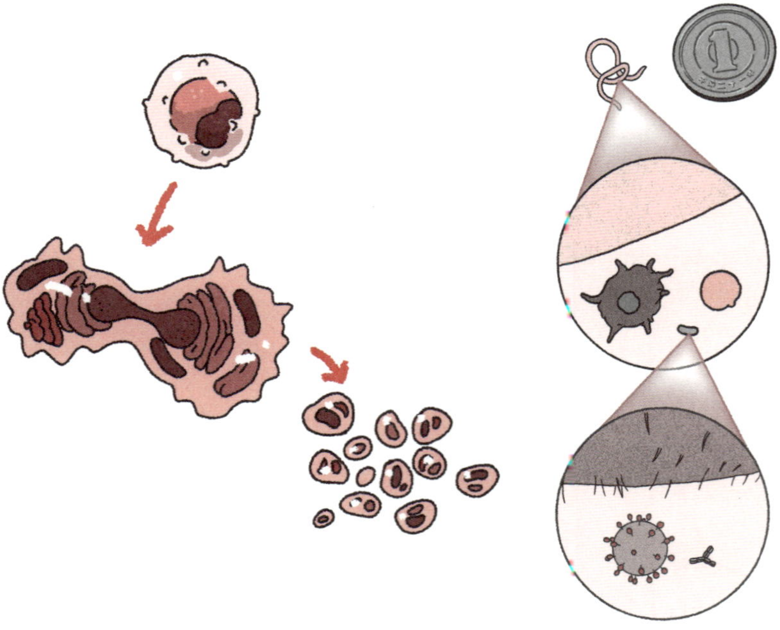

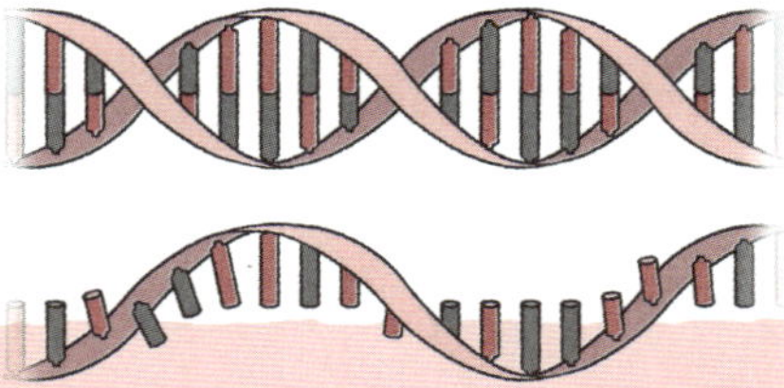

3時間目 体を脅かす病原体

STEP 1

ウイルスと免疫との攻防

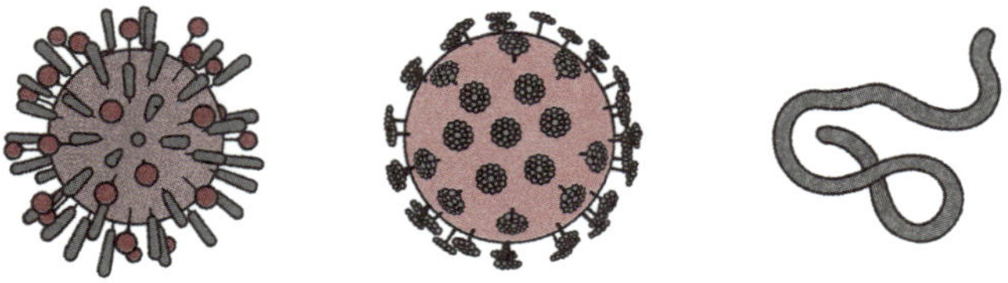

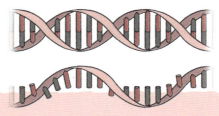

STEP 2

病気を引きおこすさまざまな微生物

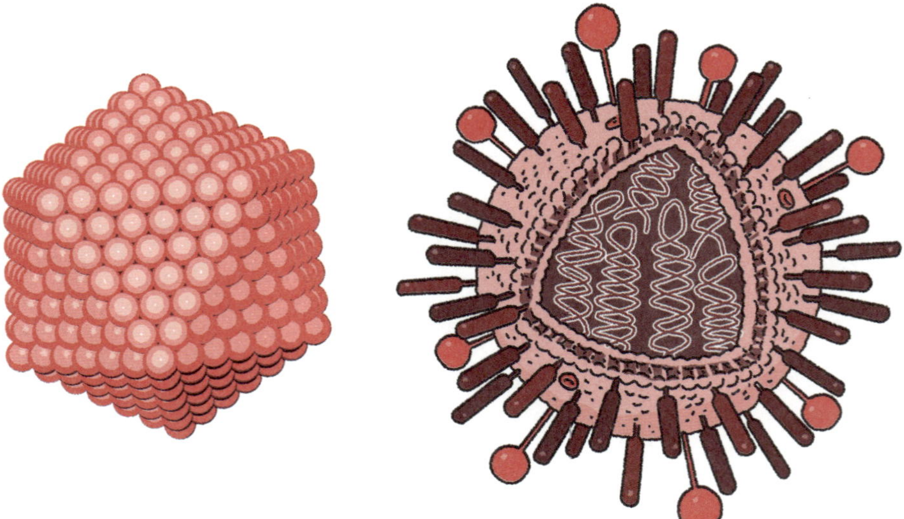

4時間目 新型コロナと免疫

STEP 1

新型コロナウイルスが引きおこしたパンデミック

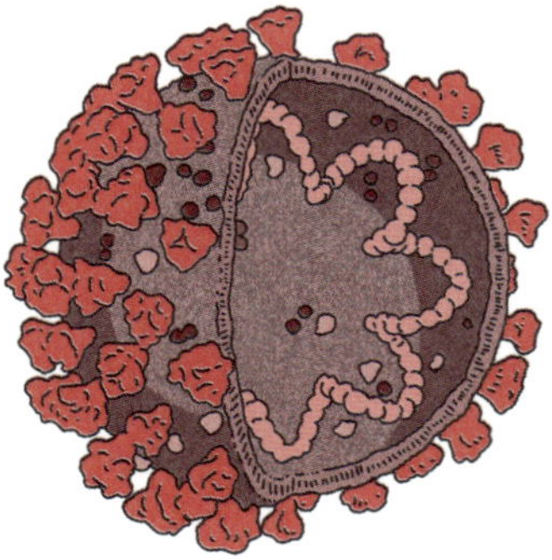

とうじょうじんぶつ

石井 健先生

東京大学で免疫学，ワクチン科学を
教えている先生。

文系会社員（27歳）
理系分野を学び直そうと奮闘している。

0
時間目

免疫って何？

STEP 1

病原体をやっつけろ！

私たちの体は，常に病原体の侵入の危険にさらされています。しかし，体内に備わった免疫という防衛機構が，私たちの体を守っています。「免疫」とはどのようなものなのでしょうか？

免疫は，病気から体を守る防衛隊

先週，社内の同じフロアで，また何人か**新型コロナウイルス**の感染者が出たんですよ。世間ではあまり騒がれなくなりましたけど，まだまだ新型コロナウイルスの感染は止まらないですね。気をつけないと。

そうですね。現在は，パンデミック前の生活に戻っていますけれど，新型コロナウイルスが消滅したわけではありませんからね。

私は，今回感染した中の一人と席が近かったし，一緒に休憩したりもしてたんですけど，感染しなかったですね。運がよかったのかなあ。

いや，運だけではないかもしれませんよ。あなたは以前，新型コロナウイルスに感染したか，あるいは**ワクチン**を打っていたのではありませんか？

はい，ワクチンは打ちました。

ならばあなたの体が，コロナウイルスに対する**免疫**を獲得していたから，今回感染しなかったのかもしれません。

なるほど……。ところで先生，ワクチンを打つと，今おっしゃったように，その病原体に対する「免疫」ができるわけですよね。でも，そもそも「免疫ができる」って，どういうことなんですか？　それに，免疫を獲得すると，なぜその病気にかからなくなるんですか？

そうですね，まず状況としては，私たちのまわりには，新型コロナウイルスのほかにも，さまざまな細菌やウイルスなどの**病原体**が数多く存在しています。
そしてそれらの病原体は，私たちの口や鼻を通じて，頻繁に体内への侵入を試みているんです。

なるほど……。私たちの体は常に，病原体侵入の危険にさらされているわけなんですね。

そうです。そして，たとえば風邪を引くと，熱が出たりのどが痛くなったり，鼻水が出たりするでしょう？

そうですね。あれは風邪のウイルスが引きおこしているわけですよね。本当にやっかいです。

ところが，厳密にはそうではないんですよ。**これらの症状は，私たちの体の中で，ウイルスに対する“防衛戦争”が勃発している，というサインなのです。**

防衛戦争!?

はい。**私たちの体には，病原体などの異物が侵入すると，徹底抗戦しようとする能力が備わっているんです。この能力を免疫というのです。**
免疫の役割をになっているのは，侵入した異物を敵とみなして徹底抗戦するはたらきをもつ細胞たちで，これらの細胞を**免疫細胞**といいます。
免疫細胞たちにはそれぞれことなる役割があり，複雑な連携をとりながら，侵入者を倒すんです。この，免疫細胞たちで成り立つしくみのことを**免疫システム**といいます。

へえ～！　風邪のつらい症状は，ウイルスが暴れているわけではなくて，体を守るために，免疫細胞たちが徹底抗戦をしている，ということなんですね。

その通りです。
もし私たちの体が免疫をもっていなければ，侵入した病原体にすぐにやられてしまい，ちょっとした風邪でさえ，命を落とすことになりかねません。
免疫は，免疫細胞によって構成された，堅固な防衛機構なのです。

なるほど。私たちは免疫のおかげで生きていられるといっても過言ではないんですね！
ところで先生，「免疫細胞」って，どんな細胞なんですか？

哺乳類の免疫システムは，主に**白血球**とよばれる細胞によって成り立っています。
白血球は**マクロファージ**や**樹状細胞**，**好中球**といった**単球系**のグループと，**T細胞**や**B細胞**といった**リンパ球**のグループに分類されます。

白血球って，そんなにたくさんの種類があったんですね。

そうです。免疫細胞は，侵入者を発見すると，すぐさま攻撃をしかけるものや，仲間の細胞を呼びよせるもの，病原体の情報を伝えるものなど，いろいろな役割があります。そして，最終的には**抗体**という武器を使って敵を倒すんです。

す，すごい！

さらに，免疫細胞は病原体と戦うことで，その病原体の情報を記憶し，体内に保存しておくこともできるのです。ですから，その病原体がふたたび侵入したとき，免疫細胞たちはスムーズに攻撃をしかけることができるので，同じ病気にかかりにくくなるのです。

なるほど～！「免疫を獲得する」とか「免疫がつく」とはつまり，その病気に対する抵抗力をもってる，ってことなんですね。
そういえば，パンデミックのとき，**PCR検査**のほかに**抗体検査**というのもありました。あれは，抗体があれば，その病気に感染したことがある，といえるわけですね。

その通りです。

免疫って，すごいですね！
先生，これを機会に免疫のしくみについてくわしく知りたいです！

いいですね。自分の体のしくみを知ることは，とても大事なことですからね。ではこれから，免疫について，くわしくお話ししていきましょう。

お願いします！

ポイント！

免疫

病原体などの異物が侵入すると、徹底抗戦し、体を守る、生体に備わった能力のこと。

免疫細胞

免疫をになう細胞。病原体を排除するとともに、その病気に対する抗体をつくり、その病気にかかりにくくするはたらきをもつ。

免疫システム

免疫細胞で成り立つ、防衛のしくみのこと。

ワクチンの発見が免疫のしくみの解明につながった

免疫についてくわしくお話しする前に，なぜ免疫のしくみが解き明かされたのか，その歴史について少しお話ししておきましょう。
免疫のしくみの解明には，**ワクチン**の発見が大きく影響しているんです。

ワクチンの発見が先だったんですか？　意外です。

実は，免疫のしくみをまったく知らなかった時代から，人々は免疫の力を利用した方法で感染症を防いでいたんですよ。

ええっ!?　一体どうやって？

18世紀末，イギリスの医師**エドワード・ジェンナー**（1749～1823）は，ある画期的な報告をおこないました。
当時，ヨーロッパでは**天然痘**（天然痘ウイルスによる感染症）が流行していました。
しかし，ウシを介して**牛痘**（牛痘ウイルスによる感染症）にかかった農家の人たちが天然痘にはかからないことに，ジェンナーは気づいたのです。
天然痘ウイルスも牛痘ウイルスも，**ポックスウイルス**といわれるウイルスの仲間で，牛痘のほうは，牛などに感染しますが，ヒトに出る症状は軽いのが特徴です。

エドワード・ジェンナー
（1749～1823）

ふむふむ。「牛痘を経験した人は，なぜか天然痘にはかからない」というわけですね。

そうです。そしてジェンナーはその特徴に着目し，治療の目的で，ある少年に牛痘の**膿**(うみ)を接種しました。

膿を!?　牛痘の膿，って……，もちろん牛痘のウイルスが含まれているわけですよね？

そうです。そしてその数週間後，今度はこの少年に天然痘の膿を接種しました。すると少年は天然痘を発症しなかったのです。つまり少年は，牛痘ウイルスを体内に取りこんだ結果，天然痘ウイルスに対抗する“力”（免疫）を獲得したわけです。
ジェンナーのこの方法は**牛痘接種法**といい，これが，弱い病原体を体内に入れて同じ病原体の侵入に備える**予防接種**の原型となったのです。
ワクチンは，弱毒化して用いる病原体のことで，ドイツ語で「牛痘の膿からつくった種痘（免疫の種）」を意味する**Vakzin**からきているんですよ。

なるほど～！

しかし，免疫の“力”が何なのかについては，この段階ではまだわかっていませんでした。

ふむふむ。

やがて19世紀後半になると，この“力”のしくみがくわしく研究されるようになりました。
日本の細菌学者**北里柴三郎**（1852～1931）と，ドイツの細菌学者**エミール・ベーリング**（1854～1917）は，ジフテリア菌に感染した動物の血液の**血清**（血液から，細胞や血液を固めるための成分などを除いた液体成分）を，同じ菌に感染した動物に接種しました。すると動物の病気が治ったのです。

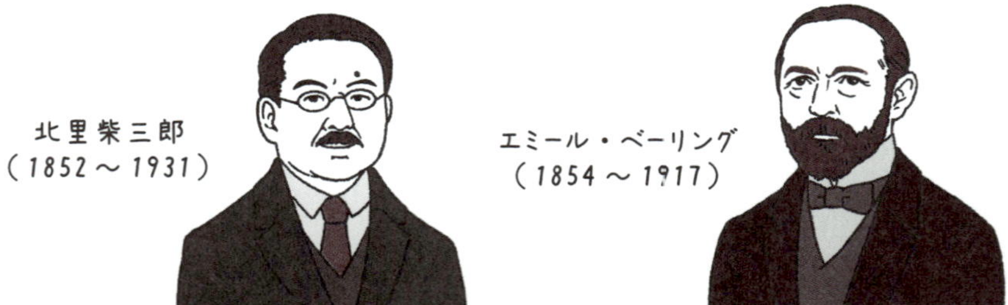

当初は，「血清」に，免疫の力の秘密があると考えられたわけですか？

そうです。彼らは，**「菌の毒素に対抗する物質」が血清に含まれていると考えました。**こうして，**抗体**の存在が明らかになっていったのです。

さらにその数年後には，ベルギーの細菌学者**ジュール・ボルデ**（1870～1961）が，血清中に，細菌を破壊する，抗体とは別の物質である**補体**を発見しています。
抗体と補体については，あとからくわしくお話ししますね。

ジュール・ボルデ
（1870～1961）

偶然の発見が，だんだん解明されていったんですねえ。

一方で，フランスの生物学者**イリヤ・メチニコフ**（1845～1916）は，ヒトデに植物の小さなトゲを挿入したところ，翌日，そのトゲが，血液中の細胞である**白血球**に取り囲まれている現象を発見しました。この現象から，「細胞が異物を消化する」という**食細胞説**を主張しました。

イリヤ・メチニコフ
（1845～1916）

へえぇ〜。いろいろな説があったんですね。

そうですね。当時は，免疫の役割をになうのは，血清中の分子だと考える**体液説**と，細胞だと考える**細胞説**とが分離していたんですね。**しかし現在では，免疫は，分子と細胞の両方が密接なつながりをもち，協力して機能していることがわかってきています。**免疫のくわしいしくみについては，1時間目でお話しします。

免疫の暴走が病気を引きおこすこともある

免疫システムは，体内に侵入してきた細菌やウイルスから体を守るための大切なしくみです。
しかし一方で，このシステムに異常がおきると，さまざまな病気が引きおこされることもあります。
この代表が**アレルギー**です。

アレルギーですか……。私は花粉症がひどくて，毎年，スギ花粉の時期は苦労しています。
アレルギーって，免疫システムが関係しているんですね。

そうなんです。**アレルギーは，本来攻撃する必要がない異物に対して免疫システムが反応してしまう病気です。**
アレルギーを引きおこしやすいものを**アレルゲン**といい，主なアレルゲンには，あなたが今おっしゃった花粉のほか，ダニ，スズメバチの毒，薬，特定の食べ物，皮膚に触れる金属など，さまざまなものがあります。

いろいろなものがアレルギーを引きおこす元になりうるんですね。食べ物にもいろいろなアレルギーがありますよね。

そうですね。アレルギー症状は，鼻水や少しの湿疹ですむような軽いものから，命にかかわる重いものまであります。特に，全身に急激に症状がおよぶ**アナフィラキシーショック**は，非常に危険度が高いものです。

アナフィラキシーショックって，新型コロナウイルスのワクチン接種のときもニュースになっていましたね。

何らかのアレルギーをもっていて，何かをきっかけに息苦しさを感じるなどしたときは，すぐに病院で適切な治療を受けることが重要です。

こわいですね。アレルギーの元になるアレルゲンって，皮膚から入るんですか？

皮膚や粘膜ですね。たとえば，粘膜からアレルゲンが入ると，**気管支喘息**や**アトピー性皮膚炎**が引きおこされます。
これらの疾患では，アレルギー反応による炎症が続くことで，皮膚・粘膜のバリア機能がこわれてしまうため，炎症とアレルギー反応の悪循環におちいりやすくなります。

つらいですね。

食物アレルギーも，口まわりや手などの皮膚から食物成分が入ることが発症の原因の一つと考えられています。実際，食物アレルギーの子どもは，アトピー性皮膚炎を発症しているなど，肌荒れの状態にあることが多いといいます。

なるほど……。そうなるともう，免疫の攻撃が止まらなくなってしまうんですね。まさに“暴走”状態ですね。

その通りです。
免疫システムの異常がもたらすもう一つの疾患が，1型糖尿病や関節リウマチといった**自己免疫疾患**です。

自己免疫疾患？

自己免疫疾患とは，自分の体をつくっているタンパク質に対して免疫反応がおきてしまうことで生じる病気です。

ええっ！　自分で自分の体を攻撃してしまうということですか？

そうです。実際には，体には，自己に反応してしまう免疫細胞は排除されるしくみが備わっています。
しかし，完全に取り除けるわけではなく，一部は体の末梢にまで運ばれてしまうんですね。そして，そうした免疫細胞が，さまざまなきっかけで活性化してしまい，自己免疫疾患が引きおこされてしまうんです。

うーむ。免疫システムはすごい機能ですけど，自己を攻撃してしまうこともありうるんですね。

アレルギーや自己免疫疾患は，先進国で増加していることが指摘されています。その点からすると，免疫システムの“暴走”は，**文明病**といえるかもしれません。
その理由として，「清潔すぎる環境」も指摘されています。

今はどこもかしこもきれいですよね。でも一方で，菌に触れる機会が少ないから，免疫がつきにくい，ともいえるわけですか。

そうですね。アレルギーや自己免疫疾患が引きおこされるしくみについては，2時間目でくわしくお話ししましょう。

1

時間目

体を守る免疫のしくみ

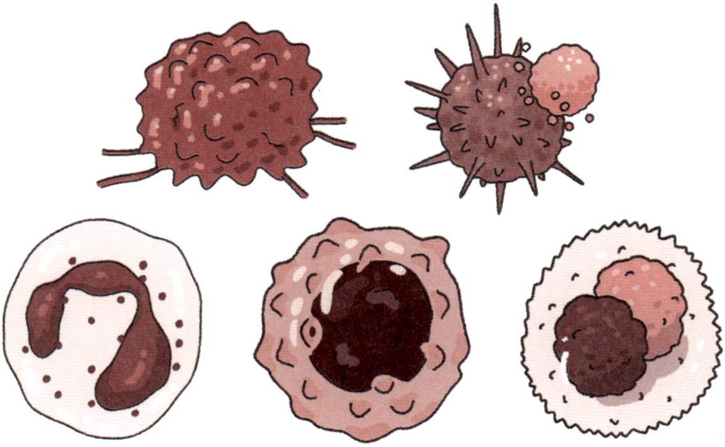

STEP 1

2段階の免疫システム

免疫の主役は，免疫細胞たちです。免疫細胞たちは役割を分担し，抗体という武器を使って病原体を攻撃します。この，精巧な免疫システムとはどのようなしくみなのでしょう。

病原体をやっつける2段構えのしくみ

それではここから，免疫システムについて，具体的に見ていきましょう。最初にお話ししたように，哺乳類の免疫システムは，**白血球**とよばれる免疫細胞で成り立っています。

白血球にはいろいろな種類があって，それぞれ連携をとってはたらいているんでしたよね。

その通りです。白血球は，マクロファージや樹状細胞，好中球といった**単球系**と，T細胞やB細胞といった**リンパ球**の二つに分類されます。
そして，**ヒトの免疫システムも，大きく二つの系統に分かれているのです。**
一つは，単球系が中心に活躍する**自然免疫**，もう一つはリンパ球が中心に活躍する**獲得免疫**です。

へえぇ～！　2部構成というわけですか。

そうです。まず，“侵入者”を見つけると，単球系グループの免疫細胞たちが反応します。マクロファージ，樹状細胞，好中球ですね。これらの細胞たちがダイレクトに攻撃をしかけていきます。
この最初の反応が「自然免疫」です。

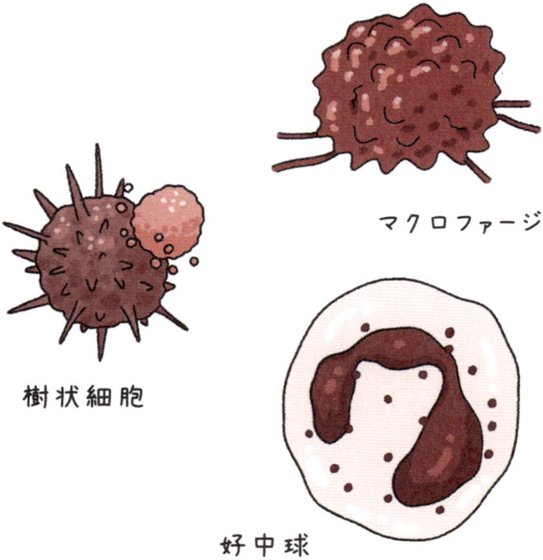

ふむふむ。

しかし，自然免疫だけでは対応しきれません。すると今度は，リンパ球グループの免疫細胞たちに戦いが引き継がれます。T細胞やB細胞ですね。
これらの細胞たちは，第1部隊から情報を得て，自然免疫だけで排除しきれなかった侵入者を狙い撃ちしていくのです。
自然免疫から引き継いで発動するのが「獲得免疫」です。

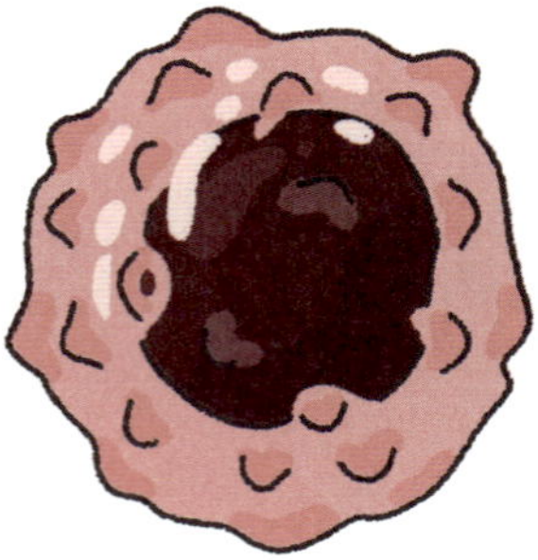

T細胞

B細胞

自然免疫と獲得免疫の２段構えというわけですね。「第１部隊」が単球系グループの免疫細胞たち，「第２部隊」がリンパ球グループの免疫細胞たちで構成されていると。やっぱり，第１部隊と第２部隊では，戦い方もちがうんですか？

はい。自然免疫で活躍するマクロファージ，樹状細胞，好中球（顆粒球の一つで，顆粒球にはほかに好酸球，好塩基球などもある）などは**食細胞**といい，その名の通り，細菌などの病原体を飲みこみ，細胞内で消化してしまうのです。

「食細胞」って，０時間目で，イリヤ・メチニコフ博士が主張していたものですね！　侵入者に襲いかかって食べてしまうんですね……。

すごいでしょう。食細胞のうち，マクロファージと樹状細胞は，病原体を排除しきれなくなると，炎症物質を放出して**炎症反応**をおこし，ほかの細胞を呼び寄せるのです。このとき，体には発熱や咳，たんなどの症状があらわれるわけですね。
さらに，**樹状細胞などは，病原体を食べて消化すると，その一部を，第2部隊の免疫細胞に伝えるはたらきをもっています。**

侵入者の情報を第2部隊に伝える!?

そうなんです。樹状細胞は病原体を飲みこむと，**リンパ節**という器官に移動します。リンパ節は，T細胞やB細胞たち第2部隊が集まっている場所なんですね。
樹状細胞はそこで飲みこんだ病原体の一部（抗原）を自分の表面にくっつけます。こうして病原体の情報を提示するのです。

「侵入者はこいつです！」と人相書きを掲げてみせるわけですね。

ハハハ！　そんな感じですね。
すると，樹状細胞と接触したT細胞が反応します。**T細胞は，樹状細胞から病原体の一部を受け取ると活性化し，それを皮切りに第2部隊が動きはじめるわけですね。**

自然免疫ではたらく細胞は，食べてやっつけるだけでなく，第2部隊に情報を伝える役割もあるんですね。

その通りです。
さて，活性化したT細胞は増殖し，ことなる役割をもつ細胞に**分化**します。

分化!?

そうです。分化とは，細胞の形や機能が変化することをいいます。T細胞は分化して，**キラーT細胞**と**ヘルパーT細胞**に変化するのです。

「キラー」と「ヘルパー」ですか……。

キラーT細胞は，病原体に感染した細胞を見つけて排除する役割をにないます。
一方，**ヘルパーT細胞は，B細胞のほか，マクロファージやキラーT細胞といった，ほかの細胞をはたらかせる役割をにないます。**

キラーT細胞は敵の排除に徹していて，ヘルパーT細胞は司令官といった感じなんですね。
B細胞はどういう役割をになっているんですか？

B細胞は，ヘルパーT細胞から指令をキャッチすると，抗体をつくるのです。
抗体はタンパク質の一種で，狙った病原体やその毒素だけに結合して攻撃するはたらきをもっています。
また，抗体がくっついた病原体は機能を奪われたり，マクロファージなどの食細胞の攻撃の対象になったりします。

抗体って，B細胞が分泌していたのか！
すごい連携ですね。これが免疫システムか！

すごいでしょう。
第1部隊の免疫細胞たちは病原体を直接攻撃します(自然免疫)。第2部隊の免疫細胞たちは，第1部隊からの情報をもとに「抗体」という“武器”を使い，特定の病原体を狙い撃ちする(獲得免疫)というわけですね。

うまくできてますねえ。

自然免疫は，生物に自然に備わっているもので，生物の進化の中で古くから存在しています。無脊椎動物はこの自然免疫のみで防御しています。
一方，獲得免疫は自然免疫よりも進化した免疫システムで，脊椎動物にしか存在しません。

ポイント！

第1部隊
自然免疫ではたらく主な細胞

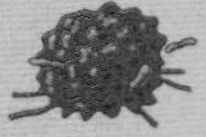

マクロファージ

細菌などの病原体や，こわれたり古くなったりした細胞を飲みこみ，消化する。消化した病原体の一部をT細胞に提示する作用もある。

樹状細胞

病原体を飲みこみ，消化した病原体の一部をT細胞に提示する役割をになう。提示する能力はマクロファージの数十～数百倍も高い。

顆粒球

病原体を取りこみ，消化する作用をもつ。好中球，好酸球，好塩基球がある。

第2部隊
獲得免疫ではたらく主な細胞

T細胞　マクロファージや樹状細胞に刺激され，分化して病原体を攻撃する。

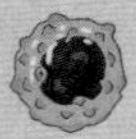

- キラーT細胞……樹状細胞と接触して抗原情報を得た後，細菌・ウイルスなどの病原体が感染した自己細胞やがん化した自己細胞を見つけて殺す。
- ヘルパーT細胞……樹状細胞と接触して抗原情報を得た後，B細胞やキラーT細胞の活性化・増殖を助ける。
- 制御性T細胞……ヘルパーT細胞，キラーT細胞の機能を抑制することにより，免疫反応を制御する。
- ナチュラルキラーT細胞……細菌への生体防御反応や，がん細胞の排除にかかわる。

B細胞　ヘルパーT細胞からの刺激で分化が開始され，記憶をつかさどる「記憶B細胞」，抗体をつくる「プラズマ細胞（形質細胞）」になる。

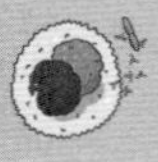

手当たり次第に食い尽くす！　第１部隊・自然免疫

さて，免疫システムをになう免疫細胞たちの部隊がどのようにして連携を取り，どのような動きをしているのか，そのしくみについて，もう少しくわしく見ていきましょう。

私たちの体の中に，こんなシステムが備わっているなんて，本当に驚きました。

そうでしょう。
まず，自然免疫をになう単球系グループを見てみましょう。第１部隊では，ふだんは好中球などが血液に乗って全身を循環し，侵入者がいないか，常にパトロールをおこなっています。

面白いですね。侵入者がいないか，見張りを怠らないわけですね。パトカーで巡回しているみたい。

そうですね。病原体は，皮膚や粘膜上皮から体内に入りこんできます。こうした侵入者を発見すると，好中球のほか，マクロファージや樹状細胞といった「食細胞」が，ただちに病原体に襲いかかり，“食べる”わけですね。
これらの食細胞は病原体を取りこむと，細胞内でそれらを破壊することができます。これらの細胞がまず異物を食べることで，体が病原体に感染することから守っているのです。

まずは手当たり次第に敵を食べるわけですね。

そうです。中でも，好中球は多くの消化酵素をもっていて，病原体を飲みこむと，病原体だけでなく，自分自身も破壊してしまいます。

そんな！　自爆するんですか？

そうなんです。しかし，食細胞たちが手当たり次第に食べ続けても，その攻撃をかわして生き残る細菌やウイルスがいます。
生き残った病原体は増殖し，さらに体内に侵入して，細胞に感染します。すると，感染した細胞はウイルスの“複製工場”となり，大量のウイルスを放出するようになってしまうのです。

正常な細胞がウイルスに乗っ取られて，敵側の兵器工場になってしまうわけですね。

そうです。そうなるともう，第1部隊の手には負えません。そこで自然免疫は第2部隊へバトンタッチします。
炎症反応をおこして，ほかの免疫細胞を呼びよせ，第2部隊が戦いやすくするために環境を整えたりするわけです。

炎症反応が，熱や咳，たんなどの身体症状としてあらわれるわけですね。

はい。炎症反応は感染から4時間程度経過したころにはじまります。まず，病原体を食べて破壊した好中球から消化酵素が出ます。また，樹状細胞やマクロファージがウイルスに感染した細胞の近くで炎症物質を放出して合図を出します。すると，そこにほかの食細胞たちが続々と集まってくるんですね。

好中球の自爆は，味方を呼び寄せる合図になるのか！

そうです。ただ自爆するだけではないんですよ。また，このとき，心強い**助っ人**が登場します。
これが**補体系**とよばれるタンパク質の集団です。補体系は合図によって活性化し，食細胞たちを感染場所に誘導してくれます。このとき血管が広がって，多くの食細胞が集まるため，傷口が赤く腫れるなどの炎症がおきるんですね。

なるほど……。補体系って，0時間目に登場しましたね。ジュール・ボルデが血清中に細菌を破壊する別の物質「補体」を発見した，ということでした。

その通りです。**補体とは，免疫システムを補助するタンパク質のことです。補体は数十種類もあり，それぞれことなる方法で活性化して，免疫システムに協力するようにはたらくのです。**

強力な援軍もいるんですね。熱が出たり喉が痛くなったり，傷口が腫れたりしたときには，体の中ではすでにそれよりもずっと前からウイルスと自然免疫との戦いがはじまっていたわけなのか……。

そうなんですよ。このほかにも，私たちは，食細胞と病原体との防衛戦のようすを垣間見ることができます。けがをしたとき，傷口を不潔にしておくと細菌に感染して化膿し，膿がたまることがありますよね。
実は膿は，取りこんだ細菌を消化して死んでしまった食細胞たちの死がいなのです。

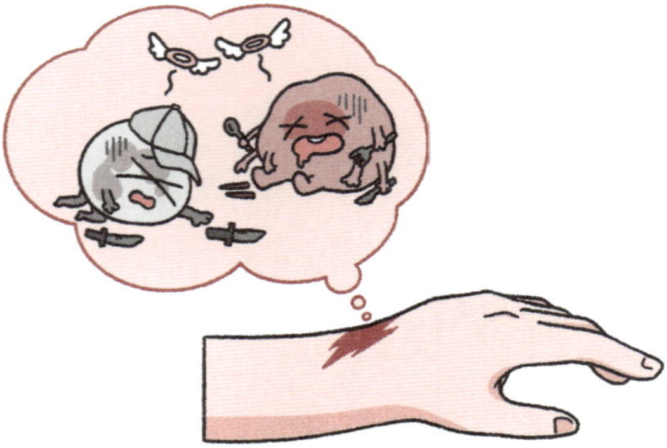

膿は，食細胞たちが戦ってくれた証なのかぁ。

さて，炎症反応によってほかの食細胞たちが集まります。その中で，第2部隊への引き継ぎをおこなう，重要な役割をになうのが，樹状細胞です。

“人相書き”をもっていく担当ですね。

そうですね。樹状細胞は，病原体などの抗原の特徴を提示するためだけに特化した細胞です。
樹状細胞は病原体を食べると，消化した病原体の一部を細胞表面上に突きだして掲げながらリンパ節に移動し，そこでT細胞と結合するのです。

なるほど，結合して情報を共有するわけですか。

武装して敵を狙い撃ち！　第2部隊・獲得免疫

獲得免疫をになうのが，リンパ球グループのT細胞やB細胞です。
この細胞たちは，ふだんはリンパ節という器官に集まっていて，樹状細胞から病原体の情報を受け取ると，それに合わせてカスタマイズされた細胞へと変化することができます。
そのおかげで，敵に合わせた猛攻撃をしかけることができるのです。

第2部隊は，第1部隊から敵の情報をもらって，それに合わせて**“武装”**する感じですか。

そうですね。さて，樹状細胞と結合したT細胞は活性化し，増殖をはじめ，キラーT細胞とヘルパーT細胞に分化します。
T細胞が活性化することで，獲得免疫発動のスイッチが入るわけですね。

なるほど。活性化って，免疫細胞が，うわ～っと増殖していくことなんですね。

そうです。さて，“掃除屋”キラーT細胞は，樹状細胞のはたらきによって病原体の正体を知り，攻撃対象となる病原体に感染した細胞を探して，体内をまわります。

血液中にハンターが放出されるわけですね。

そうです。キラーT細胞が感染細胞を見つけだすために重要な役割をになっているのが**MHC**（major histocompatibilitycomplex：主要組織適合性遺伝子複合体）とよばれるタンパク質です。MHCは，細胞に病原体が感染したとき，その病原体の一部を細胞の表面に突きだす**腕**のような役割をはたします。
たとえば，細胞にウイルスが感染すると，細胞の中でウイルスが細かく分解され，分解された抗原の一部がMHCにくっついて，細胞表面に突きだされるのです。
キラーT細胞も細胞表面に“腕”をもっており，この腕で，感染細胞のMHCと抗原を認識するのです。
ちなみに，T細胞が樹状細胞に提示された病原体を認識するときも，MHCが使われます。

ふむふむ。センサーみたいな感じなんですね。

こうして，体内をまわるキラーT細胞は，感染細胞表面に樹状細胞が提示した抗原と同じ抗原があると認識すると，タンパク質を分泌します。

感染細胞は，このタンパク質を受け取ると，自殺プログラムを開始し，自滅するのです。
このように，細胞がみずから死ぬことを**アポトーシス（細胞自殺）**といいます。

うわ〜！　そうやって排除するんですか。自分が病原体だったら絶対に見つかりたくないですね……。

一方のヘルパーT細胞は，B細胞の中から病原体に合った抗体をつくるものを選び，抗体をつくるように指示を出します。

ヘルパーT細胞は，どうやって抗体をつくるB細胞を選びだしているんですか？

このしくみについてはあとからお話ししますが，B細胞は抗原の情報を記憶できるという特徴があり，体内にはかつて戦った抗原の情報をもつB細胞が**記憶細胞**として大量に保存されているのです。そして，そのようなB細胞は，それぞれの抗原に対応できる抗体を表面に固定させています。

そうなんですか!?

ヘルパーT細胞は，大量のB細胞の中から，樹状細胞から提示された抗原に対応できる抗体をもつB細胞を認識すると，**サイトカイン**というタンパク質を出します。

すると，そのサイトカインを受け取ったB細胞だけが活性化し，増殖をはじめるのです。

T細胞に選ばれたB細胞だけが活性化できるんですね。

そうです。活性化したB細胞は，“抗体製造工場”ともいえる**プラズマ細胞**へと変化し，大量に抗体をつくりだして放出し，病原体を攻撃するのです。

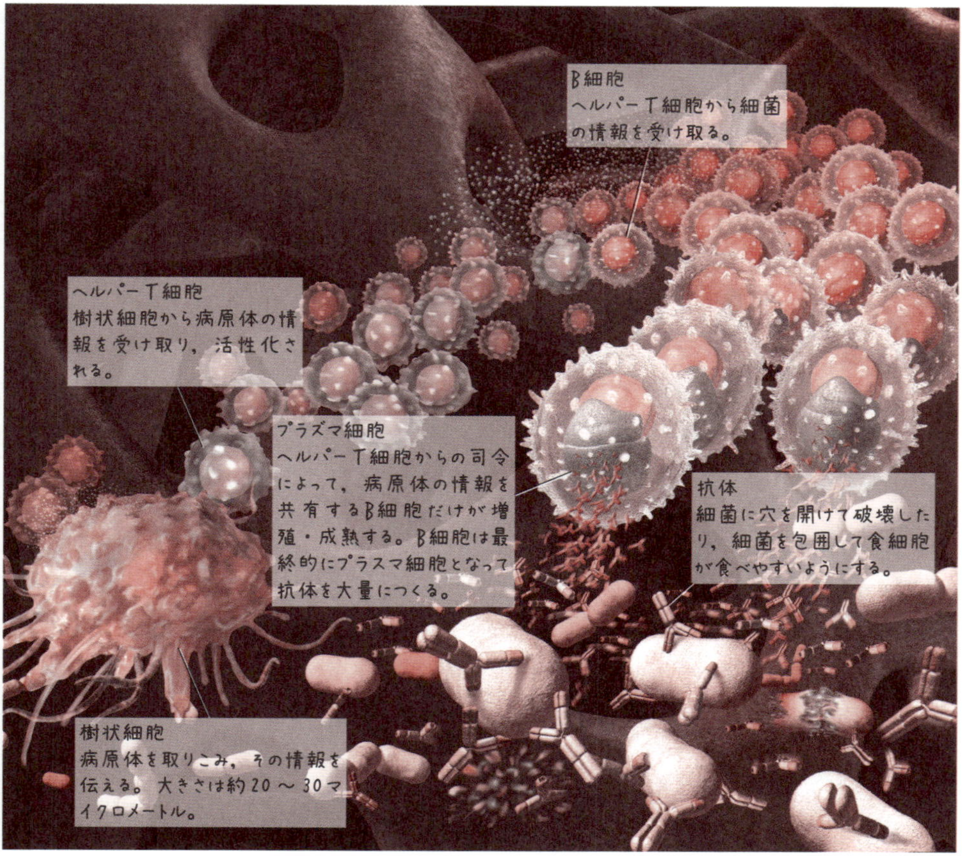

免疫が使うハイテク武器「抗体」の攻撃は多様

ここで，獲得免疫の“武器”である**抗体**のしくみについてくわしく見てみましょう。
お話ししたように，抗体は，特定の病原体だけに結合して，その病原体を殺すことができるタンパク質です。
免疫グロブリン（Immunoglobulin）ともいい，頭文字をとって，**Ig**とも表記されます。

「抗体」って，具体的にどうやって攻撃するんでしょう？

たとえば鍵は，それと合う特定の鍵穴でないと開けることはできませんよね。この，鍵と鍵穴の関係のように，抗体は認識する抗原（病原体などの異物）にぴったりはまることで攻撃をするのです。

鍵と鍵穴!? 抗体は，鍵みたいな形をしているんですか？

抗体の構造は，基本的に**Y字型**をしています。
長短4本の鎖が2本ずつ結合して，Y字の形になっているんですね。長いほうの鎖はH鎖（重鎖《じゅうさ》），短い鎖はL鎖（軽鎖《けいさ》）といいます。
この，Y字の先端部分が抗原と結合するのです。

ふむふむ。特殊な形状をしているんですね。

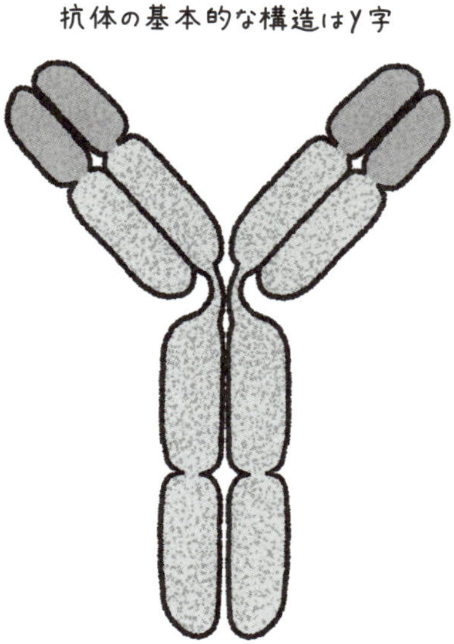
抗体の基本的な構造はY字

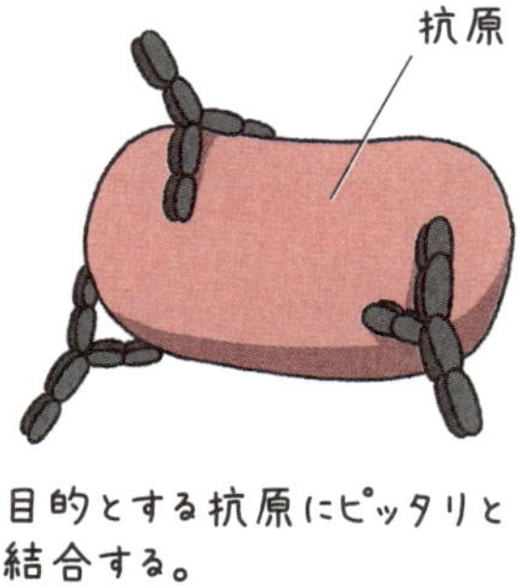
抗原
目的とする抗原にピッタリと
結合する。

そうなんです。抗体のくわしい形状については，あとでさらにくわしくご紹介しますね。
抗体は，B細胞から分化した「プラズマ細胞」からどんどん放出されます。抗体はすでに目的とする抗原が決まっていますから，攻撃対象の抗原を認識すると，そこにピッタリと結合していくのです。

うわあ～。武器は武器でも，AI技術を搭載した最新式のミサイルみたい。

抗体が結合することで，抗原は表面を覆い隠されてしまいます。ウイルスの場合，正常な細胞に結合することで増殖していきますから，抗原に取り囲まれてしまうことで構造が変わり，細胞に結合することができなくなってしまうのです。つまり，感染力を失うわけですね。
また，細菌の場合は，抗体が結合することで，細菌の毒が中和されます。
このように，抗原を無力化したり毒を薄めたりする抗体の作用を**中和作用**といいます。

なるほど！　取り囲んで身動きを取れなくしてしまったり，毒性を薄めたりするんですね。

そうです。また，先にお話ししたように，抗体が結合すると，それが目印となり，好中球やマクロファージなどの食細胞がその病原体を捕まえやすくなります。これによって，食細胞の稼働率がアップするわけですね。この現象を**オプソニン化**といいます。

自然細胞は手当たり次第に食べる戦法ですから，目印があるとわかりやすいですね！

また，ここでも補体が登場します。抗体と抗原が結合することで補体が活性化し，抗体が結合した細菌の細胞膜に穴を開けて死滅させるのです。
これを**溶菌**といいます。

補体と協力して細菌を溶かすこともできるんですね！

包囲して身動きを取れなくしたり，無毒化したり，抗体はいろいろな方法で攻撃するんですね。

ポイント！

抗体の攻撃方法

中和作用

抗原を覆い，無力化したり毒を薄めたりする。

オプソニン化

抗体が抗原に結合することで目印となり，食細胞がその病原体を捕まえやすくなることで，食細胞の稼働率がアップする。

溶菌

抗体と抗原が結合することで補体が活性化し，細菌の細胞膜に穴を開けて死滅させる。

「抗体」は5種類ある

抗体（Immunoguloblin：Ig）は基本的にY字型をしていますが，鎖の組み合わせのちがいによって，「IgG」，「IgA」，「IgM」，「IgD」，「IgE」の5種類があります。 5種類の抗体はH鎖定常部の分子構造がことなっており，それぞれちがう役割をになっています。

抗体はG，A，M，D，Eの5種類というわけですね。

ヒトの血中に含まれる量はIgGが最も多く，抗体全体のおよそ75％がIgGだといわれています。IgGは最も一般的な抗体で，病原体への攻撃の際に活躍します。

IgAは粘膜の分泌物に多く含まれており，IgMは免疫反応のごく初期の段階ではたらきます。主にはじめての抗原に対してつくられます。全抗体の0.01％以下と，5種類の中で最も少ないのがIgEで，寄生虫に対する反応やアレルギー反応で重要な役割をはたします。

本当だ，それぞれ役割がちがうんですね。

抗体は，私たち成人の体だけでなく，新生児の免疫システムも支えています。IgGは母親と胎児をつなぐ胎盤を通過することができるため，母親から胎児へとわたされ，まだ自分で抗体をつくれない新生児期の免疫システムの中で重要な役割をはたします。

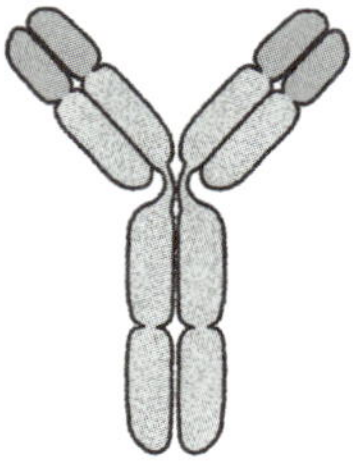

免疫グロブリンG（IgG）
ヒトの抗体の7割がIgGといわれ，血液中に一番多く存在する。

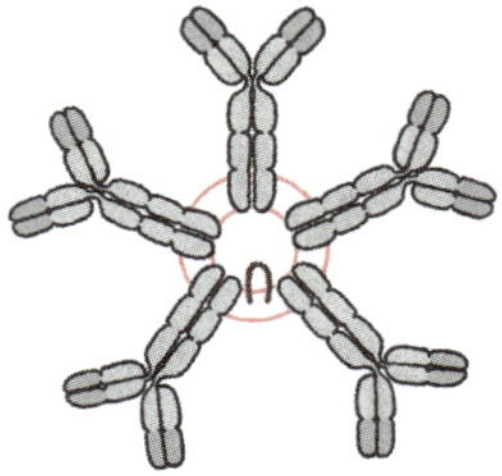

免疫グロブリンM（IgM）
抗体が五つつながった五量体をしている。はじめての侵略者に対してつくられる抗体はこの形である。

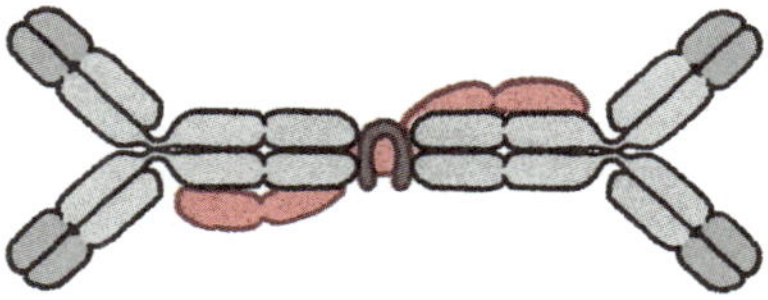

免疫グロブリンA（IgA）
血液中だけではなく，母乳や唾液，腸内などにも存在する。二つの抗体がつながった二量体の形で存在する。

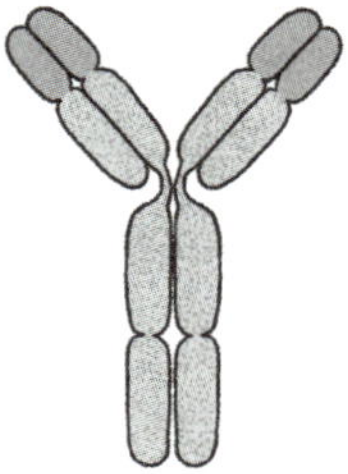

免疫グロブリンD（IgD）
確かなはたらきはわかっていない。最近の仮説では，B細胞の活性化に関係しているといわれている。

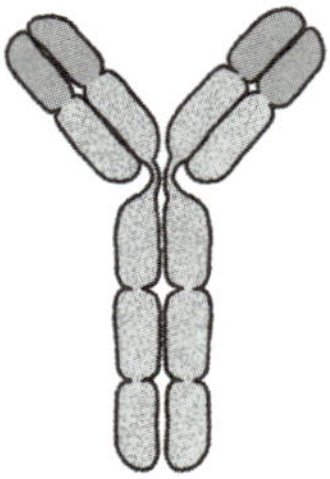

免疫グロブリンE（IgE）
アレルギーをおこす抗体。アレルギー反応を引きおこす細胞（肥満細胞）にはたらきかけ，アレルギー炎症をおこす物質の分泌などをうながす。

偉人伝❶

免疫学の基礎を築いた動物学者

イリヤ・メチニコフ

「貪食」を発見したメチニコフ

免疫学の基礎をつくった重要な人物の一人が，ロシアのイリヤ・メチニコフ（1845～1916）です。彼は1845年にロシア帝国のハリコフ（現ウクライナのハルキウ）で生まれ，ハリコフ大学で動物学を学びました。

1882年，メチニコフは，ヒトデを観察中に，その遊離細胞が異物を食べる「貪食」という現象を発見します。遊離細胞とは，1個で独立して動き回る細胞のことで，胞子や花粉，動物の精子や白血球などが遊離細胞として知られています。海綿やヒトデの遊離細胞に興味をもって調べていたメチニコフは，偶然に落としてしまった染料を，遊離細胞が食べる瞬間を目撃したのです。

液性免疫を発見し，ノーベル賞を受賞

この現象に衝撃を受けたメチニコフは，ヒトデの体内の遊離細胞は有害な細菌をも飲みこんでヒトデの命を守っているのではないかと考えました。さらに，ヒトの体内にある遊離細胞，つまり白血球も，細菌を食べてヒトの体を守るのではないかと考えたのです。

メチニコフはこの考えのもとに実験を重ね，1901年『感染症と免疫』という本を出版し，「細胞（食細胞）と細菌の戦いが免疫の基本である」と主張したのです。

これに対して，ジフテリアに対する血清療法の研究により

第1回ノーベル生理学·医学賞を受賞したエミール·ベーリングは,「細菌と戦うのは食細胞ではなく，血清である」と，メチニコフの意見に反対しました。二人の主張は，当時，世界中の研究者をまきこんだ大論争となりました。

しかし，のちの研究により，両者の主張は共に正しかったことが証明されます。メチニコフが発見したのは，食細胞がおこなう液性免疫であり，ベーリングが発見したのは，抗体による獲得免疫だったのです。1908年，メチニコフはこの研究により，ドイツの細菌学者パウル·エールリヒ（1854～1915）とともに，ノーベル医学・生理学賞を受賞しました。

メチニコフは1916年，パリで心不全により71歳の生涯を終えました。晩年には，乳酸菌が大腸菌を排除することが長寿につながるとして，ヨーグルトの摂取を推奨するなど，現在のプロバイオティクスにつながる研究もおこないました。

STEP 2

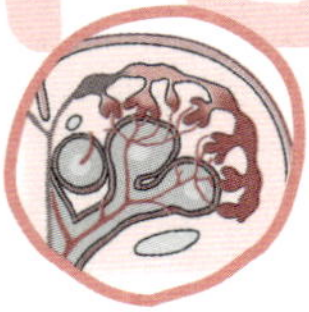

免疫細胞が精鋭部隊になるまで

膨大な数の病原体にさらされている私たちの体は，免疫細胞たちによって守られています。これらの“精鋭部隊”たちは，一体どのようにしてつくられるのでしょう。

すべての免疫細胞は１種類の細胞からつくられる

先生，免疫って本当にすごいですね。食細胞とか，T細胞とかB細胞とか。
変身して増殖して，ほかの細胞に司令を出したり，大量に武器を生みだして攻撃するとか……。
人体って，本当に不思議ですね。

そうですね。でももっと不思議なのは，実はこれらの多種多様な免疫細胞は，たった１種類の細胞から生まれているんですよ。

ええ～っ！
たった１種類の細胞から？

そうなんです。これらの免疫細胞たちは，造血幹細胞という細胞が分裂・増殖してできたものなんです。

そうだったんですか！　一体どうやって？

造血幹細胞は血液をつくる細胞です。骨の中心部には**骨髄**という，やわらかい海綿状の組織があり，そこに造血幹細胞がたくさん存在しています。

造血幹細胞は，細胞分裂をして，みずからの数を増やしています。

同時に，増殖した造血幹細胞の一部は分化し，骨髄系幹細胞とリンパ系幹細胞に分かれます。そこからさらに，一部が**赤血球**のもととなる細胞に，一部が**血小板**のもととなる細胞に，一部が**白血球**のもととなる細胞に，というふうに分かれて，それぞれの血球へと成長していくのです。

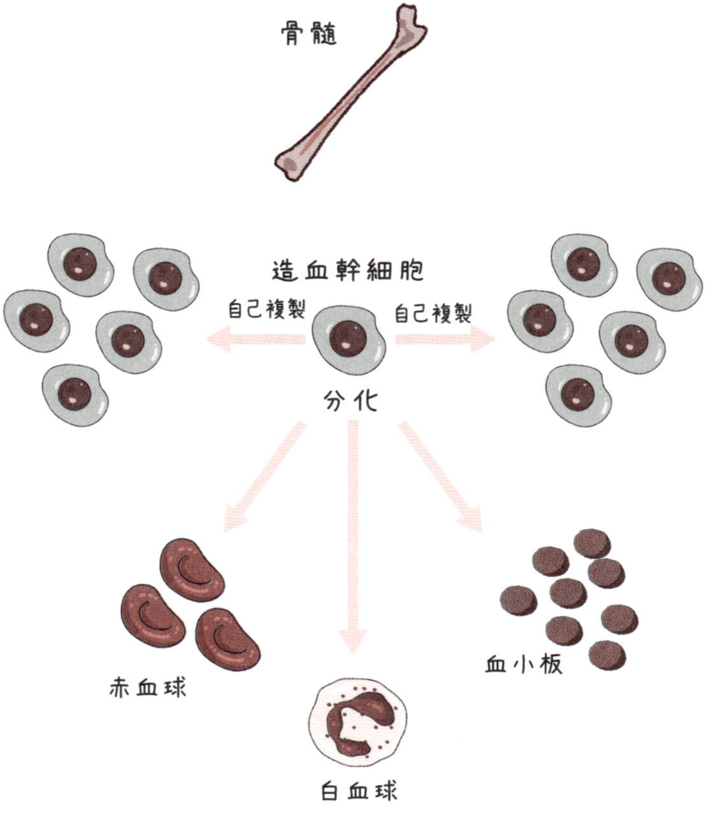

なるほど……。造血幹細胞から分化して，いろいろな血球ができるんですね。

そうです。分化して，成長する途中段階の細胞を，**前駆細胞**といいます。
造血幹細胞から骨髄系幹細胞とリンパ系幹細胞とに分かれた前駆細胞は，骨髄の中で成長していくのです。

白血球のうち，自然免疫で活躍する免疫細胞は単球系グループで，獲得免疫で活躍する免疫細胞はリンパ球グループでしたよね。好中球やマクロファージ，樹状細胞は骨髄系幹細胞から単球系に成長して，T細胞とB細胞はリンパ系幹細胞からリンパ球に成長する，ということなのですか。

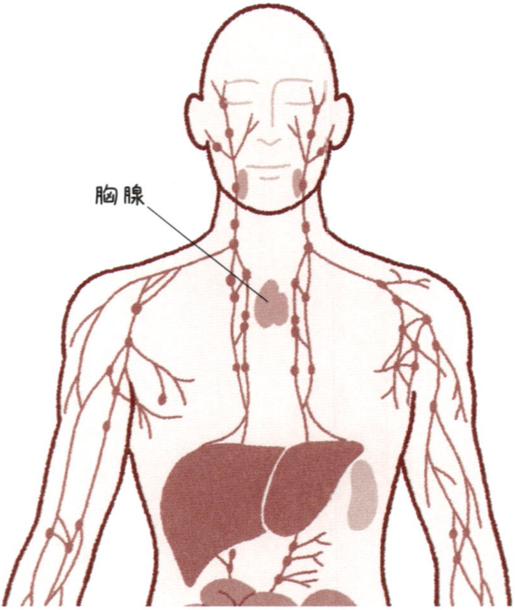

その通りです。ただし，T細胞となる前駆細胞だけは**胸腺**という器官に移動し，そこで成長します。

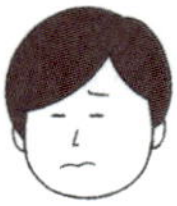

同じリンパ球でも，B細胞は骨髄の中で成長して，T細胞だけは胸腺で成長するんですね。フクザツだなあ……。

そうなんですよ。ですから，T細胞とB細胞は，自分が育った器官の頭文字からきているんです。
胸腺で成熟するリンパ球は**胸腺由来リンパ球**といい，**胸腺（Thymus）**の頭文字をとって，「Tリンパ球」すなわち「T細胞」になります。
一方，骨髄で成熟するリンパ球は**骨髄由来リンパ球**といい，**骨髄（Bone-marrow）**の頭文字をとって，「Bリンパ球」すなわち「B細胞」になります※。

なるほど〜！　T細胞とかB細胞は，育った器官の頭文字だったんですね。

さて，前駆細胞たちは，それぞれことなる過程を経て，血球へと成熟していくわけですが，免疫細胞としてはたらく白血球の前駆細胞たちは，“未熟”だと，正常な体（自己）を敵だと誤って認識し，攻撃してしまう可能性があります。ですから，それぞれの器官の中で厳選され，“成熟”する必要があります。**中でも，ほかの免疫細胞に司令を出すT細胞は，「自己」と「非自己」を完全に認識できるものだけを選びぬく必要があります。**

確かに！　司令官が敵と味方をまちがえたら，大変なことになってしまいますからね。

※：B細胞は，それが発見されたトリのファブリキウス嚢（Bursa）に由来するという説もある。

造血幹細胞が分化するようす

1種類の造血幹細胞が分裂増殖しながら分化して，血液中のすべての細胞がつくられる。幹細胞から分化するリンパ球は骨髄の中でB細胞になるものと胸腺へ行きT細胞になるものに分かれる。胸腺の中では，自己に対して反応する約95%のT細胞は不良品は殺され，残りの5%だけが成熟してT細胞になる。

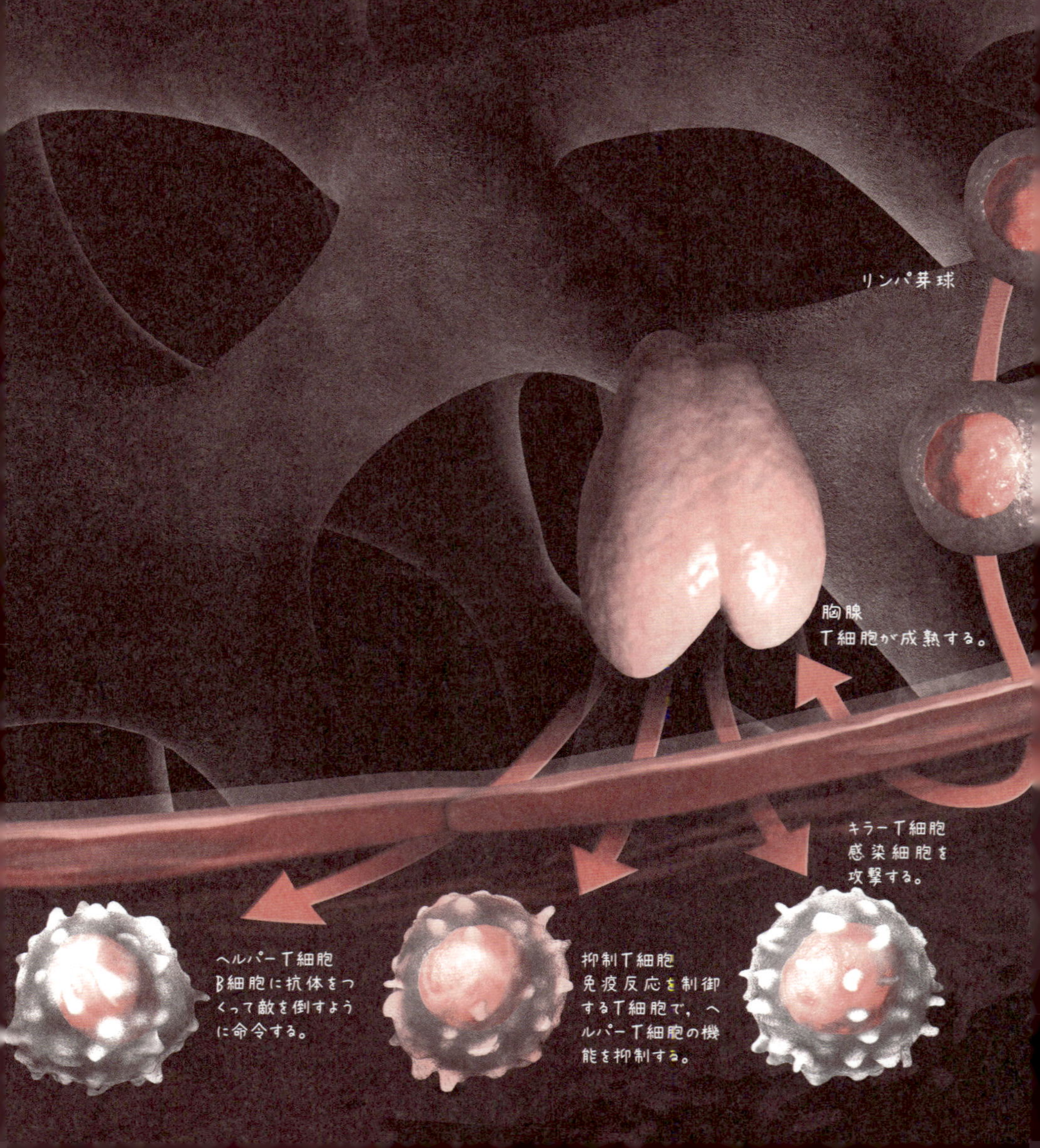

リンパ芽球
胸腺
T細胞が成熟する。
キラーT細胞
感染細胞を攻撃する。
ヘルパーT細胞
B細胞に抗体をつくって敵を倒すように命令する。
抑制T細胞
免疫反応を制御するT細胞で，ヘルパーT細胞の機能を抑制する。

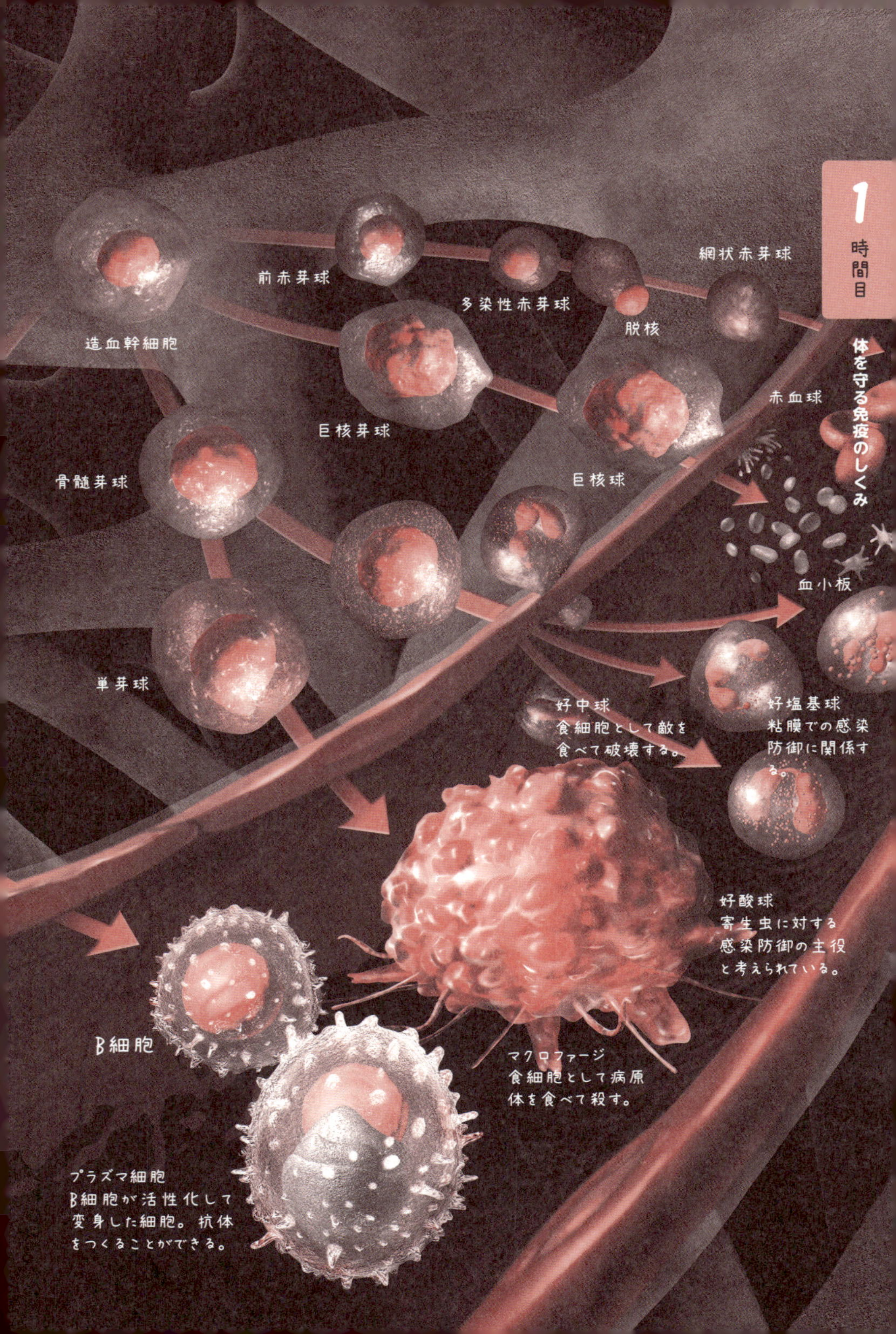
造血幹細胞
前赤芽球
多染性赤芽球
脱核
網状赤芽球
赤血球
巨核芽球
巨核球
血小板
骨髄芽球
単芽球
好中球
食細胞として敵を
食べて破壊する。
好塩基球
粘膜での感染
防御に関係す
る。
好酸球
寄生虫に対する
感染防御の主役
と考えられている。
B細胞
マクロファージ
食細胞として病原
体を食べて殺す。
プラズマ細胞
B細胞が活性化して
変身した細胞。抗体
をつくることができる。

その通りです。ですから，自己に反応してしまうT細胞は完全に除去されなくてはなりません。
胸腺の中では，約95％のT細胞が“未熟”な不良品として除去されます。つまり，前駆細胞のうち，たった5％だけが成熟してT細胞となり，胸腺から巣立つことができるのです。

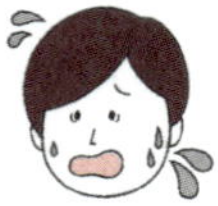

たったの5％!?
T細胞って，精鋭中の精鋭なんですね。

そうです。こうした選択をクリアして成熟した血球たちは，それぞれの器官の毛細血管のすきまから血管の中へ入り，血液として，全身へと旅立っていくわけです。

白血球たちも，免疫細胞としてデビューするわけですね！

そうです。血球組は血流に乗って全身をまわり，リンパ球組のB細胞は骨髄から，T細胞は胸腺から血管に乗ってリンパ節へ移動して合流し，連携して戦うわけです。

私たちは生まれながらに100億種類の抗体をもっている!?

やっぱりT細胞って，特別なんですねえ。何しろ司令官ですからね。
でも先生，一つ気になっていることが……。
STEP1で，「獲得免疫では，T細胞が自然免疫から病原体の情報を受け取ると，それと戦える抗体をもっているB細胞を選び，そのB細胞だけを活性化させる」というお話でした。そして，「実は，体内にはあらかじめ，抗体の記憶をもったB細胞が大量に保存されている」ということでした。
でも，ウイルス，細菌，寄生虫とか，私たちを攻撃する病原体は“無数”に存在しているんですよね。コロナウイルスも「変異株」とかが次々に出てきますし……。
私たちの体には，一体どれぐらいの数の抗体がストックされているんですか？　それに，“無数”の外敵に対応しきれるんでしょうか？

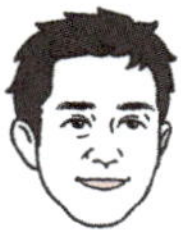

いいところに気がつきましたね。
それでは，獲得免疫をになうT細胞とB細胞のしくみについて，さらにくわしく見ていきましょう。
実は，**私たちは生まれながらにして100億種類もの抗体や受容体をもっていると考えられているのですよ。**

100億種類!?
そんなに大量の抗体をもっているんですか？　それに受容体って……？

受容体とは，生物がもっている，情報を受け取る構造のことです。私たちは“目”とか“耳”という構造体をもっていますよね。細胞の場合，受容体はタンパク質なんですね。別な細胞からの情報伝達物質は，受容体と結合することで，細胞内に伝えられるのです。

ふむふむ。

T細胞とB細胞も受容体をもっています。**T細胞は，受容体を使って樹状細胞から病原体情報を受け取り，その刺激で分化します。一方，B細胞の受容体は，「免疫グロブリン受容体」ともいわれ，ヘルパーT細胞から病原体情報を受け取り，プラズマ細胞に分化すると，受容体が細胞の外に分泌されて，「抗体」になるんですね。**

なるほど。B細胞では受容体が武器と化すわけなんですね。

そうです。**しかし，T細胞やB細胞は，一つの細胞につき受容体は1種類しかなく，したがって1種類の抗体しかつくることができません。**ですから，100億種類もの抗体があるということは，100億種類ものT細胞やB細胞が存在していることになります。

ただし，これだけ大量に存在していても，あくまでも進入してきた抗原に対応する抗体をもつ細胞しか役に立ちません。特定の抗体をもつ細胞にごくわずかですから，体内で増殖を続ける敵と戦うことはできません。

一つの細胞につき，抗体は1種類ですからね。

そうです。そこで，**免疫システムでは，侵入してきた病原体を認識したT細胞やB細胞は，その病原体に対抗できるように，分裂して数を増やすという戦略をとっているわけです。**

ふむふむ。T細胞はぶわーっと増えてキラーとヘルパーに変身し，B細胞も増えて，なおかつプラズマ細胞に変身して，無限に抗体をつくるわけですね。

そうです。この獲得免疫のシステムは，**クローン選択説**といわれています。
1959年に，オーストラリアの免疫学者**マクファーレン・バーネット**（1899～1985）によって，獲得免疫を説明する画期的な説として提唱され，獲得免疫のしくみについての定説となりました。

なるほど。みずからを増やすから「クローン」なんですね。

そうです。さらに，戦って勝利をおさめても，それで終わりというわけではありません。
先ほども少し触れましたが，T細胞やB細胞の一部は，攻撃が終了すると，その病原体の情報をおぼえた**記憶細胞**として体内に蓄えられるのです。
したがって，同じ病原体が侵入したとき，以前より迅速に攻撃を開始することができるのです。

戦いの結果を分析・記録して，次に備える……。
ますますすごい！　まるで精巧なコンピューターみたいですね。

バーネットが考えたクローン
選択説の概念図

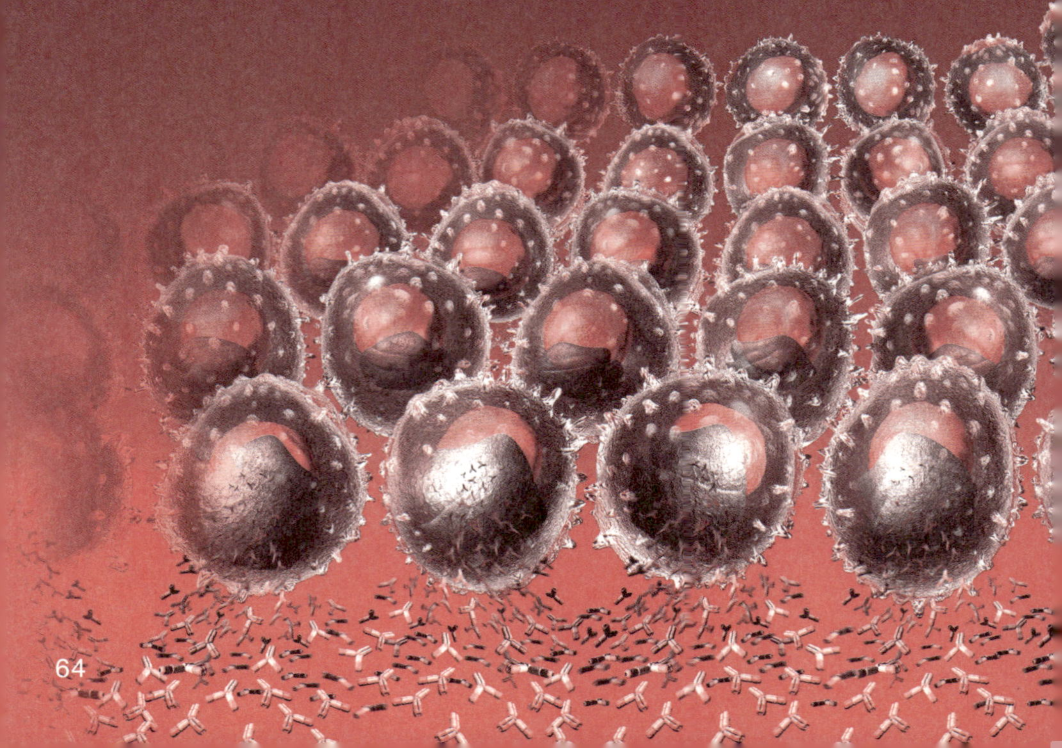

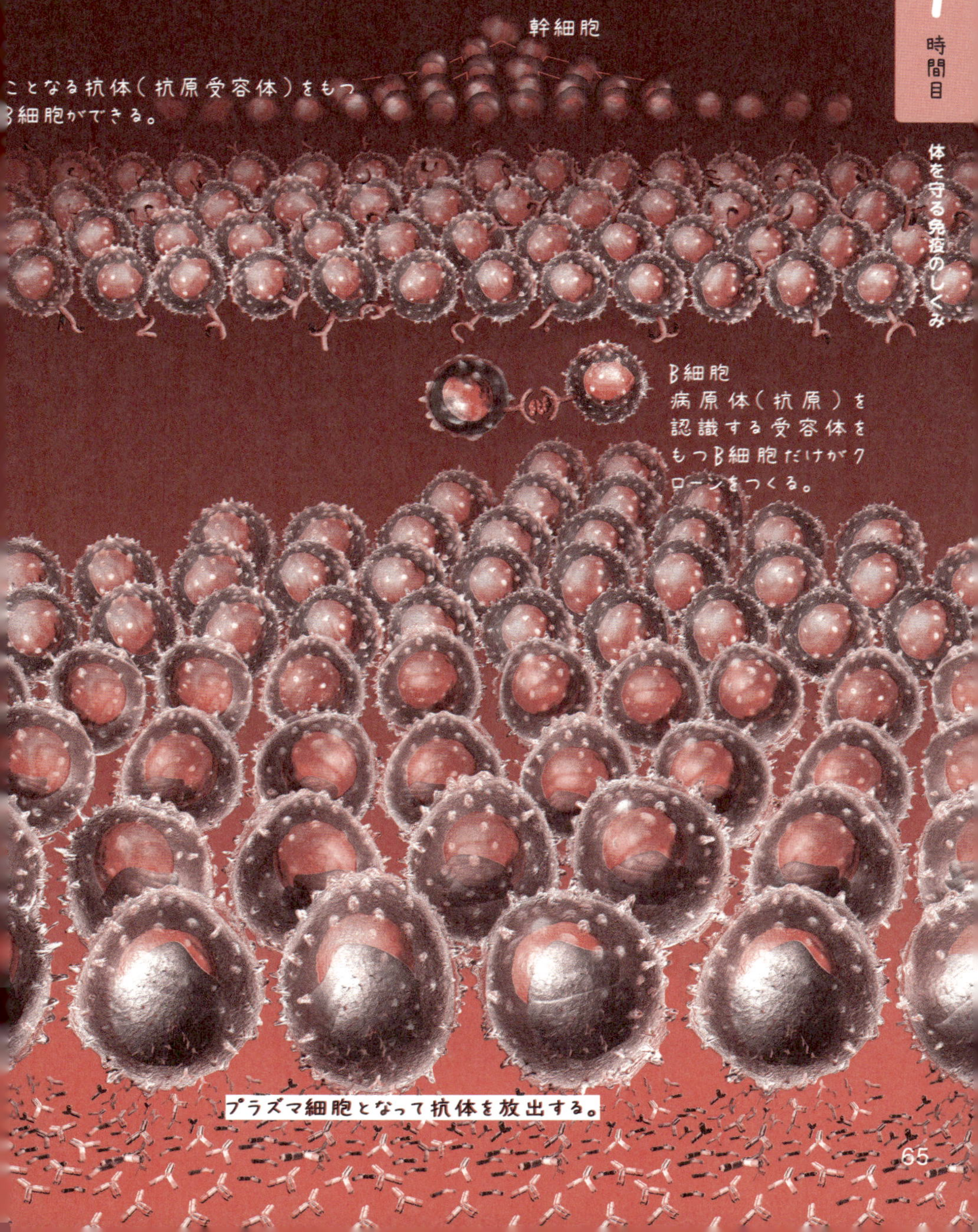
幹細胞
ことなる抗体（抗原受容体）をもつ
B細胞ができる。
B細胞
病原体（抗原）を
認識する受容体を
もつB細胞だけがク
ローンをつくる。
プラズマ細胞となって抗体を放出する。

免疫細胞は遺伝子を「再構成」していた！

T細胞やB細胞のしくみについて，さらにくわしく見ていきましょう。
私たちの体は，病原体や異物が侵入してくると，それらに対応する抗体をゼロからつくっているのではなく，あらかじめ膨大なパターンの抗体が準備されているとお話ししました。

はい。100億種類もの抗体があるということでした。

そうです。このような，膨大な種類の抗体を，**抗体の多様性**といいます。
そして，抗体の多様性がどのようなしくみによるものなのかを解明したのが，生物学者**利根川進博士**（1939〜）です。利根川博士は，B細胞が**遺伝子再構成**という方法によって，膨大な種類の抗体をあらかじめ準備していることをつきとめたのです。

遺伝子再構成？

はい。私たちの細胞の一つ一つには，まったく同じ**DNA（デオキシリボ核酸）**が核の中に入っています。
DNAとは，遺伝情報をつかさどる物質で，2本の鎖が二重らせん状に並んでいるものです。それぞれの鎖の上には四つの塩基が並んでいて，この塩基の並び順で，遺伝情報が保存されています。

DNAはいわば，遺伝情報を記した本のようなもので，この情報をもとに，タンパク質をはじめとする，生体に必要な分子がつくられるわけです。
遺伝情報は，**RNA（リボ核酸）**という分子に“コピー”され（転写され），このRNAの情報をもとに必要なタンパク質がつくられます。細胞内では，日々このようにして必要なタンパク質が合成されているのです。

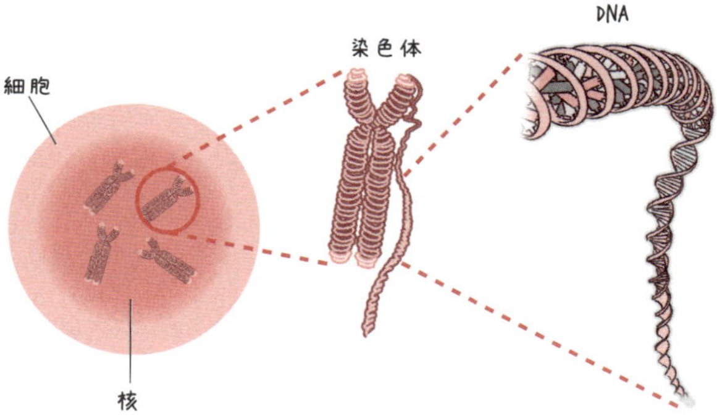

DNAの構造

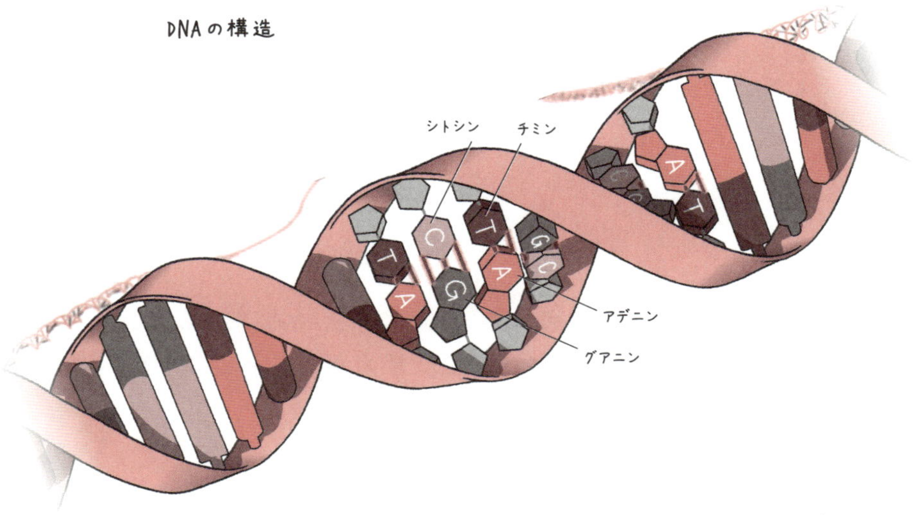

コピーして使うなんて，面白いですねえ。抗体もタンパク質ですよね。ということは，抗体をつくるのに必要な遺伝情報が，細胞の核の中にしまわれているというわけですね。

ところが，抗体を設計する遺伝子は，DNAには存在しないんです。DNA上には，抗体が抗原を認識するために必要な部分を設計するための，遺伝子の小さな“断片”が存在するだけなんです。

えっ？　断片……？　ちゃんとした遺伝子の情報がないと，タンパク質はつくれないんじゃないですか？

本来ならそうなんです。しかし，通常の細胞とちがって，B 細胞では特殊なことがおきているんです。
B細胞では，複数の遺伝子断片が選びだされて組み合わさることで，抗体の遺伝子ができるのです。
つまり，DNAの遺伝子の情報がRNA へと読み取られる前に，遺伝子に対してさまざまな切断と結合がおこなわれるんですね。

B細胞は，遺伝子情報を組み替えることができちゃうわけですか!?

そうです。
B細胞では，限られた遺伝子を目的に応じて組み替えることができるおかげで，膨大なパターンの抗体をつくりだすことができるのです。
このしくみを**遺伝子再構成**といいます。

そんなとんでもない特殊な機能があったとは……。
これが，どのようにして抗体の多様性につながるんですか？

最初にお話ししたように，抗体は，重鎖（H鎖）と軽鎖（L鎖）という2種類のタンパク質分子の鎖が組み合わさって，Y字の形をつくっています。異物にくっつくのはYの先端部分で，この部分を**可変部**といいます。

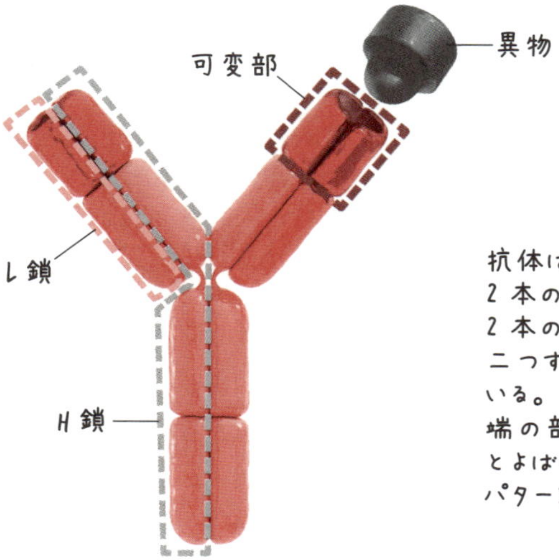

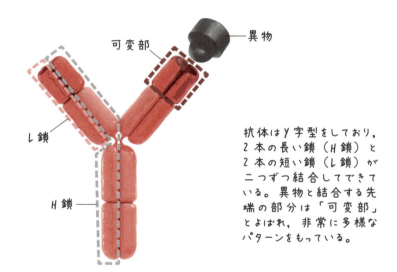

抗体はY字型をしており，2本の長い鎖（H鎖）と2本の短い鎖（L鎖）が二つずつ結合してできている。異物と結合する先端の部分は「可変部」とよばれ，非常に多様なパターンをもっている。

ふむふむ。

可変部では，L鎖では二つ，H鎖では三つの遺伝子断片が組み合わさっています。可変部がこの構造になることで，抗原を認識できる一つの完全な「抗原認識遺伝子」になるんですね。

なるほど……。

さて，B細胞のDNAのうち，可変部をつくる遺伝子領域（タンパク質の設計図が記されている領域）は，V，D，Jの三つから成ります。
V領域は50個程度，D領域は30個程度，J領域は5個程度の遺伝子の断片が存在していて，可変部は，これらの領域から遺伝子の断片が1個ずつ選ばれてつくられるのです。これが，「遺伝子再構成」です。同様に，L鎖の遺伝子領域でも遺伝子再構成がおきます。
抗体の多様性は，この遺伝子再構成によってつくりだされているんですね（次のページのイラスト）。

抗体の多様性って，Y字の先端の部分の遺伝子の組み合わせのバリエーションってわけなんですね！

そうです。三つの領域からどれを選ぶかというパターンに，H鎖とL鎖の組み合わせも合わさりますから，遺伝子断片の組み合わせのパターンは膨大な数となり，その種類は100億種類以上にもおよびます。

「100億種類もの抗体が準備されている」って，そういうことだったんですね！

その通りです。一方で，ウイルスは，自身の表面に出している抗原情報をどんどん変化させ，進化することで，免疫システムの攻撃から逃れようとします。去年インフルエンザにかかった人が，今年もまたインフルエンザにかかってしまうことがあるのは，そのせいです。

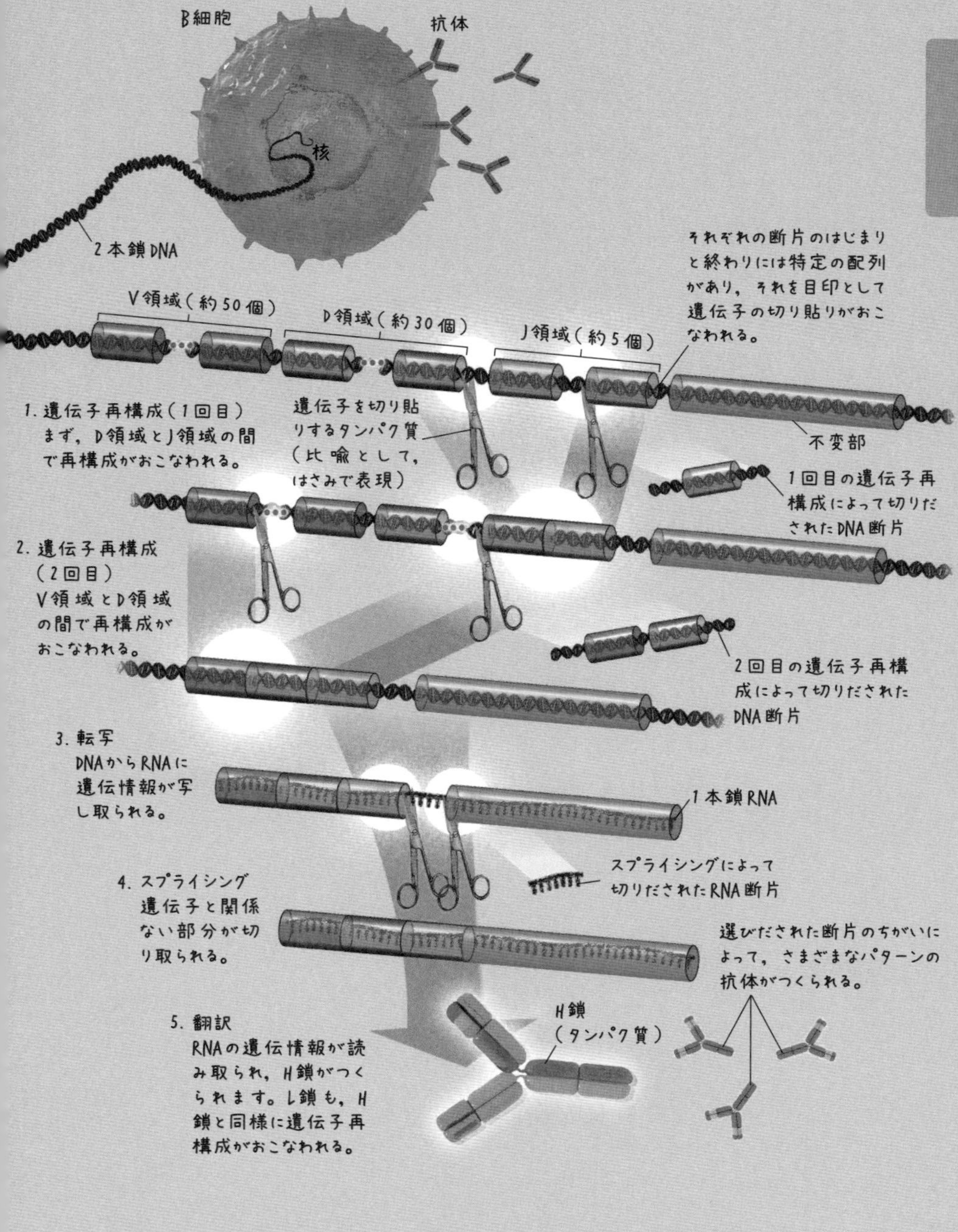
B細胞
抗体
核
2本鎖DNA
それぞれの断片のはじまりと終わりには特定の配列があり，それを目印として遺伝子の切り貼りがおこなわれる。
V領域（約50個）
D領域（約30個）
J領域（約5個）
1. 遺伝子再構成（1回目）
まず，D領域とJ領域の間で再構成がおこなわれる。
遺伝子を切り貼りするタンパク質（比喩として，はさみで表現）
不変部
1回目の遺伝子再構成によって切りだされたDNA断片
2. 遺伝子再構成（2回目）
V領域とD領域の間で再構成がおこなわれる。
2回目の遺伝子再構成によって切りだされたDNA断片
3. 転写
DNAからRNAに遺伝情報が写し取られる。
1本鎖RNA
4. スプライシング
遺伝子と関係ない部分が切り取られる。
スプライシングによって切りだされたRNA断片
選びだされた断片のちがいによって，さまざまなパターンの抗体がつくられる。
5. 翻訳
RNAの遺伝情報が読み取られ，H鎖がつくられます。L鎖も，H鎖と同様に遺伝子再構成がおこなわれる。
H鎖（タンパク質）

確かに，コロナウイルスも次々に新しい型が出てきますね。

しかし，ウイルスが変化しても，私たちは，その抗原を認識できる抗体をつくるB細胞をすでにもっているので，進化したウイルスに合わせたB細胞が再度選び直され，それに対応する抗体がつくりだされるのです。

なるほど……。ということは，私たちの体は，たいていの病原体には対応できると考えても大丈夫じゃないですか？

そうですね。
この抗体の多様性のしくみを発見した利根川博士は，1987年にノーベル生理学・医学賞を受賞しました。
ちなみに，B細胞が抗体を放出するようになる（プラズマ細胞になる）ためには，T細胞が抗原を認識し，その抗原情報をもっているB細胞に抗体をつくるように指令しなくてはなりません。そのため，T細胞も，さまざまな病原体を認識する必要があります。
現在は，T細胞の抗原情報を受け取る受容体を設計している遺伝子も，遺伝子が再構成されて多様性が生みだされていることがわかっています。

免疫システムの精密さにただただ驚くばかりです……。

リンパ管や血管を通って全身へ

続いて，免疫細胞たちがはたらく，私たちの体の器官についてもご紹介しておきましょう。
私たちの全身には，血管がすみずみまで張りめぐらされていて，血管の中を流れる血液が，酸素や必要な栄養素を各器官に運んでいます。
これとは別に，ヒトの体には，血管にからみつくような形で，**リンパ管**が樹木の枝のように張りめぐらされています。

血管のほかにも，全身をめぐる管があるんですね。

そうです。
リンパ管は，体中のあらゆる組織から**毛細リンパ管**としてはじまり，しだいに集合して**リンパ管**となり，鎖骨の下で静脈へつながっています。
リンパ管には，**リンパ液**が流れています。リンパ液は，末梢組織で毛細血管からしみだした組織液の一部が回収されたものです。
リンパ管では，余った血液などの水分を回収するほか，老廃物や細菌，ウイルスなどの異物を濾し取って除去する役割をになっているんですね。

たとえが悪いかもしれないですが，血管が上水道で，リンパ管が下水道みたいな感じですか。

そうですね。

免疫細胞たちは主にリンパ液に含まれています。
リンパ液はゆっくりとした速度で流れていき，鎖骨下の静脈に回収されていきます。
その中で，T細胞やB細胞が多く集まっているのが，**リンパ節**です。
リンパ節は，リンパ管の途中にある米粒〜大豆サイズの小さな組織で，全身に300〜700個も存在しています。
リンパ節は，内部に**リンパ洞**という組織があり，リンパ液から異物を濾し取るようなはたらきをしています。

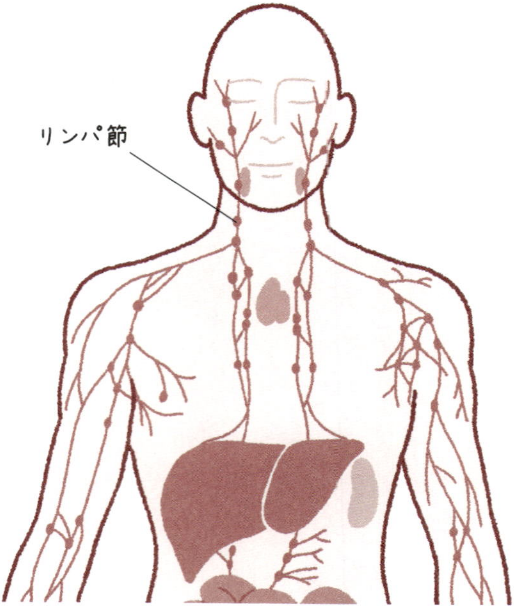

濾し取る？

はい。リンパ節は，血管やほかのリンパ管が合流する複雑な構造になっています。
リンパ液に混ざって病原体が流れてくると，マクロファージや樹状細胞といった食細胞がただちに捕まえて攻撃し，除去してしまいます。
また，T細胞やB細胞が集まっているので，戦いが長引くと，すぐにバトンタッチができるというわけです。

なるほど〜。リンパ節は，免疫細胞と病原体の**主戦場**というわけですね。

その通りです。風邪を引くと，「リンパが腫れる」というのは，まさにリンパ節で戦いがおき，免疫細胞たちが集まっている，という状況なんですね。
このほか，**脾臓**，**扁桃**，腸壁の**パイエル板**にも免疫細胞が集まっています。
これらの器官は**末梢リンパ組織**といい，B細胞が臨戦態勢に入ったり，戦いを終えて記憶細胞として保存されたりします。つまり，末梢リンパ組織は，獲得免疫による**防衛基地**のようなものですね。

免疫細胞もすごいですが，それを機能させる器官のはたらきもよくできているんですね。
人体は本当に不思議です……。

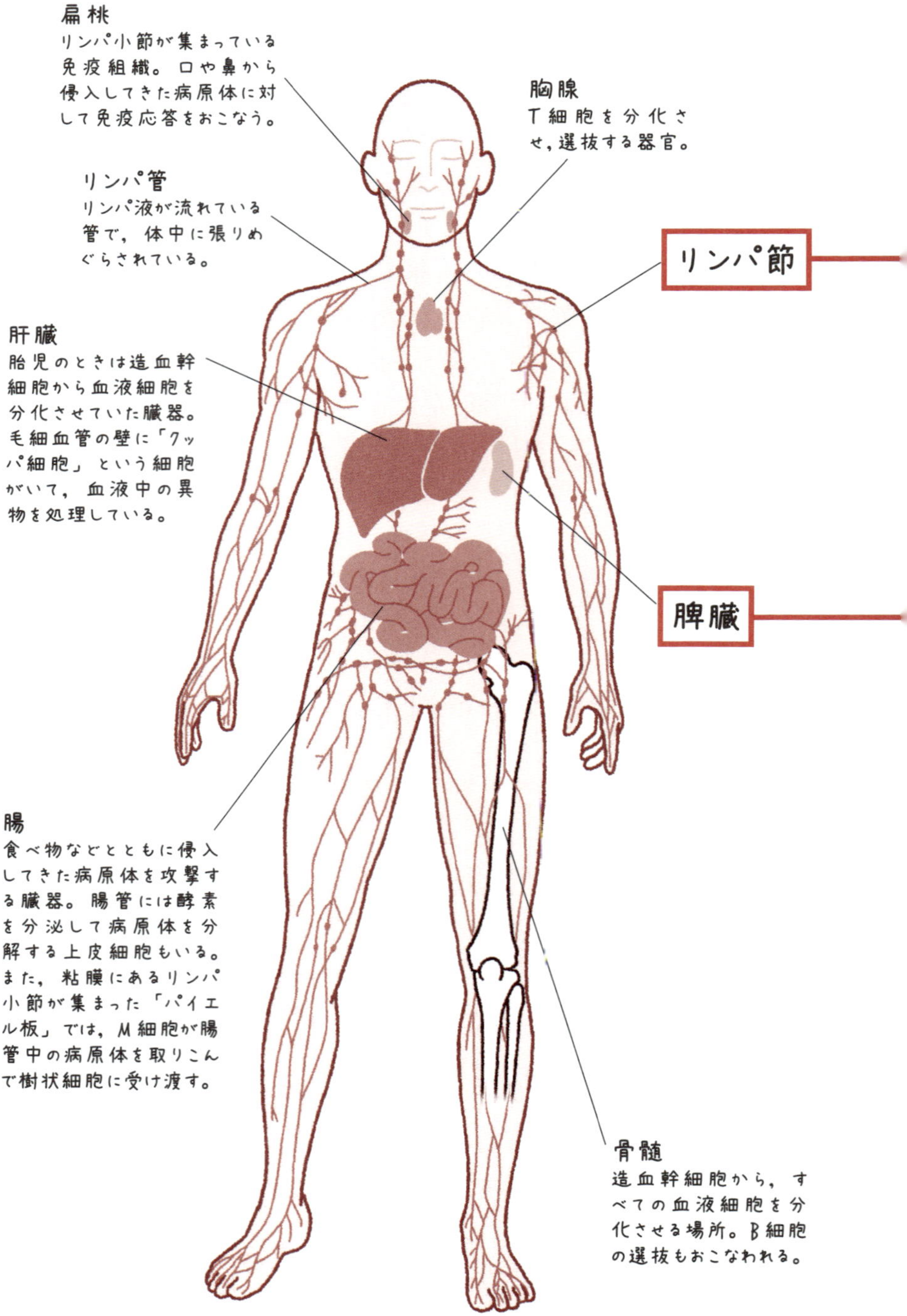
扁桃
リンパ小節が集まっている免疫組織。口や鼻から侵入してきた病原体に対して免疫応答をおこなう。
胸腺
T細胞を分化させ，選抜する器官。
リンパ管
リンパ液が流れている管で，体中に張りめぐらされている。
リンパ節
肝臓
胎児のときは造血幹細胞から血液細胞を分化させていた臓器。毛細血管の壁に「クッパ細胞」という細胞がいて，血液中の異物を処理している。
脾臓
腸
食べ物などとともに侵入してきた病原体を攻撃する臓器。腸管には酵素を分泌して病原体を分解する上皮細胞もいる。また，粘膜にあるリンパ小節が集まった「パイエル板」では，M細胞が腸管中の病原体を取りこんで樹状細胞に受け渡す。
骨髄
造血幹細胞から，すべての血液細胞を分化させる場所。B細胞の選抜もおこなわれる。

リンパ小節

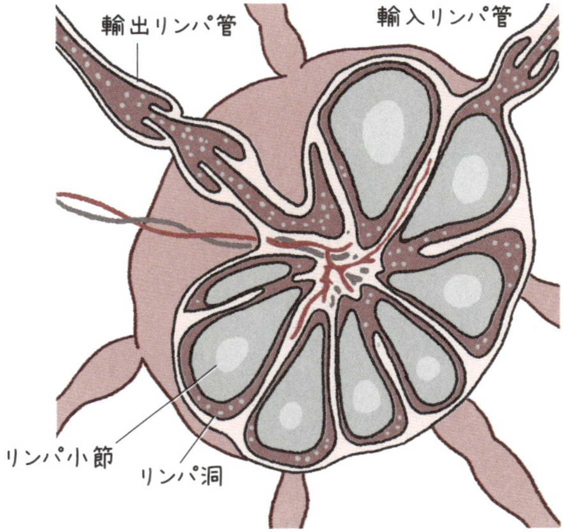

脾臓

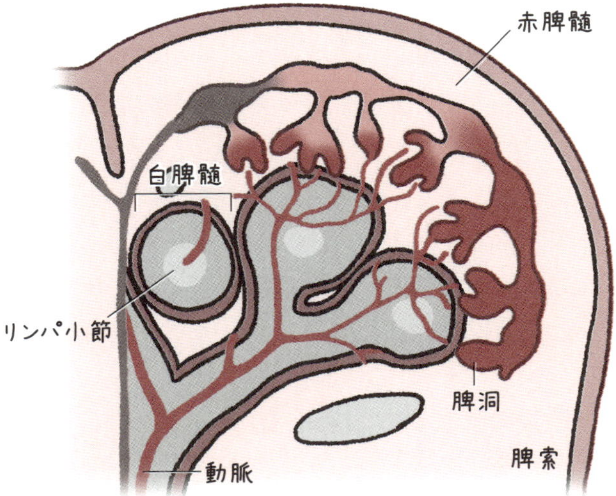

偉人伝❷

近代免疫学の父，エドワード・ジェンナー

イギリス，バークレーの医師エドワード・ジェンナー（1749～1823）は，予防接種を世界ではじめて実証した人物です。

18世紀，ヨーロッパでは天然痘が大流行していました。100年間に天然痘の死者は，6000万人にも達したとする推定もあるほどです。当時の死亡率は10～20％にも達したと考えられています。

牛痘にかかった人は天然痘にかからない

ジェンナーは，都会よりも田舎の女性のほうが天然痘にかかる人が少ないことを不思議に思っていました。そしてあるときジェンナーは，農場で乳しぼりの仕事をする女性から，「牛痘にかかった人は天然痘にかからない」という話を聞いたのです。牛痘とは，ウシがかかる天然痘によく似た病気です。病気のウシに触るとヒトにも感染しますが，ヒトの天然痘にくらべると症状は軽くすみ，命の危険はありませんでした。

ジェンナーは，牛痘も，ヒトの天然痘とほとんど同じものが引きおこす，と考えました。また牛痘を引きおこすものが体に入ると，体内に天然痘に対抗する何かができるのではないか，と推測したのです。

天然痘の死亡者の激減に成功

その考えを確かめるため，ジェンナーは人体実験をおこな

いました。牛痘にかかった女性から，膿を取りだして，8歳の少年に接種したのです。さらに，その数か月後に今度は少年に天然痘の患者から接種した膿を接種しました。これは少年に天然痘を感染させるかもしれない，危険な行為です。

しかし，少年は天然痘にかかりませんでした。こうして世界ではじめて，予防接種が実証されたわけです。ジェンナーはその後も，実験をくりかえし，その効果をまとめて，論文を発表しました。ジェンナーの予防接種は，その後，国からの補助を受け，急速に広まりました。1803年から1年半で，1万2000人もの人に対して種痘がおこなわれ，それによって，天然痘の死亡者は激減しました。

まだ病原体の正体が不明だった時代に，ジェンナーは免疫のしくみを予言したかのように予防方法を確立しました。その後，天然痘だけでなく，ほかの病気に対しても有効性が確認され，今日の予防接種につながっています。

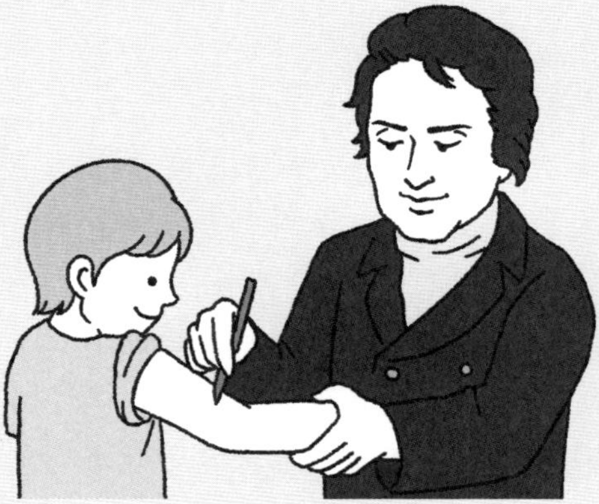

STEP 3

“免疫力”を上げよう！

免疫は，体の中のさまざまな器官と連携することで体を守っています。「免疫力」とは，体を守るための，体が本来もっている，総合的な力といえるでしょう。

“免疫力”は，ホルモン，自律神経，免疫細胞の総合力

先生，ここまでのお話で，「免疫」についてかなりよくわかるようになりました。免疫って，本当に大切なものなんですね。
今まで，CMとか雑誌とかで，「免疫力を上げよう！」ってフレーズを見かけても，「フーン」って感じで見過ごしてましたけど，「免疫力って大事なんだな」と思うようになりましたよ。先生，免疫力を上げるには，何か方法はあるんでしょうか？

それは素晴らしい心がけですね。それでは，STEP3では「免疫力」について見ていきましょうか。
ところで，「免疫力」とは何だと思いますか？

免疫とは，病原体から体を守る能力のことですよね。免疫細胞による，異物から体を守るシステムのことですから，ズバリ，免疫細胞たちが体を守る力，ではないでしょうか。

その通りです。確かに，免疫は“病を免れる”という意味ですから，まちがってはいません。
しかし，免疫細胞たちが体を守る力を発揮するためには，ほかにもいろいろな要素が関係しています。
たとえば，STEP2でお話ししたように，免疫細胞たちを循環させるリンパ系などの体の器官も含まれます。
このように，免疫細胞および，それに関係する体の器官や組織を合わせて**免疫系**というのです。

確かに，免疫細胞だけではなくて，いろいろな器官や分子が連携して病原体から体を守るわけですからね。

さらに，リンパ系のはたらきには，体のはたらきを調整する**自律神経系**もかかわってきますし，自律神経系は，ホルモン分泌をつかさどる**内分泌系**と密接に関係しています。
このように考えると，免疫力とは，免疫系，自律神経系，内分泌系，の三つのシステムの“総合力”ということもできます。

三位一体なんですね。

ただし，「免疫力」とは学術的な表現ではありません。したがって，何らかの具体的な数値としてあらわすことはできません。

なるほど……。でもイメージは伝わりやすいですね。ますます「免疫力」が気になってきました！

そうですね。それではお話を続けましょう。
最近の研究によると，一日のうちでも，この三つのシステムのバランスが変動することで，いわゆる**「免疫力が高い時間帯」**と，**「免疫力が低い時間帯」**があらわれるといいます。こうした，一日の変化のことを**日内変動**といいます。

免疫力は，一日の中で，波があるんですね。

そうです。まず，その波に大きくかかわっているのが，自律神経系です。
私たちの体には，血管と同様に，体のすみずみまで神経が張りめぐらされています。神経は，神経細胞という細胞がつながったもので，体の各器官が受けた刺激は，神経細胞の中を瞬時に伝わり，脊髄を経て脳に送られ，そこで処理されるのです。

ふむふむ。

神経は機能ごとに系統が分かれています。自律神経系は，無意識にはたらく神経のことです。体を活動させる役割をもつ**交感神経**と，リラックスさせる役割をもつ**副交感神経**からなり，さまざまな状況に応じて，体内の状態を安定に保つはたらきをになっています。
たとえば，私たちの体は，血圧や心拍，体温などが，意識しなくても常に一定の範囲内に維持されていますよね。これは，この二つの神経が自律的にバランスをとることで保たれているのです。

そうだったんですね！　「自律神経失調症」とか，よく耳にしていましたけど，そういう器官だったんですね。

そうなんです。
ヒトの場合，交感神経の活動性は昼間に上昇し，夜には低下します。私たちは，昼間は仕事や学校などで忙しく活動をしていますが，夜になると眠りますよね。
これは，自律神経によって，日中は“戦闘モード”に，夜は“休息モード”へと，スイッチが切り替えられるからなんです。

夜になると眠くなるのは，自律神経のはたらきだったんですね！

その通りです。こうした自律神経系のはたらきは，自律神経の末端から分泌されるホルモンが関係しています。
日中，体を活動させる際には，交感神経の末端から，**ノルアドレナリン**というホルモンが分泌されます。ノルアドレナリンは体が何らかの刺激（ストレス）を受けると分泌されるホルモンで，血管を収縮させ，心臓のはたらきを高めて，心拍数を上げるはたらきがあります。

戦闘モードになるんですね。

そうです。一方，体をリラックスさせる際には，副交感神経の末端から**アセチルコリン**というホルモンが分泌されます。アセチルコリンは，心臓のはたらきを抑制して心拍を下げたり，消化機能を活性化させるはたらきがあります。

なるほど，それで休息モードに入るのか。

さて，日中，交感神経からノルアドレナリンが分泌されると，体は戦闘モードに入ります。このとき，ノルアドレナリンは，“免疫細胞のたまり場”である「リンパ節」にもはたらきかけて，免疫細胞がリンパ節内にとどまるように作用するのです。その結果，リンパ節の中の免疫細胞の数が増加するんですね。

交感神経がはたらくと，リンパ節の中の，T細胞やB細胞の数が増える，というわけですね！
先生，ということは，**夜よりも昼間のほうが免疫力は高くなる**ということですか？

その通りです。交感神経の活動性が高まる時間帯は，体の活動性も高まります。一方，活動していると，それだけ病原体に遭遇する機会も増えるわけですよね。
ですから，日中の活動時間帯にリンパ節の中で免疫細胞が増えるということは，病原体から体を守るうえで，非常に合理的なしくみだといえるのです。

体が戦闘モードになると，免疫系もそれに合わせて臨戦態勢になるのですね。
免疫系と内分泌系，自律神経系って，こんなふうに連携していたのかぁ。本当にうまくできていますねえ……。

ポイント！

免疫力

病原体から体を守る力のこと。
免疫系のほか，自律神経系，内分泌系，の三つのシステムの総合力ともいえる。

- **免疫系**

体を病原体から守る免疫システムの総称。自然免疫と獲得免疫がある。

- **内分泌系**

体のはたらきを調整するホルモンの分泌をつかさどる器官の総称。

- **自律神経系**

状況に応じて，体内の状態を安定に保つはたらきをになう神経の総称。交感神経と副交感神経からなる。

「免疫力」にかかわる器官たち

免疫力に関係する主な器官。免疫力は，「免疫系(グレー)」に加え，「自律神経系（ピンク色）」と「内分泌系（濃いピンク色）」によって調節されている。これらのバランスが崩れることで免疫力が弱まり，病気にかかりやすくなる。

下垂体
脳の下部にあり，さまざまなホルモンを分泌することで，全身の機能をコントロールする器官。下垂体から分泌されるホルモンの一つである「ACTH（副腎皮質刺激ホルモン）」は，副腎皮質からのホルモンの分泌をうながすはたらきをもつ。

内分泌系
ホルモンを分泌する器官をまとめて「内分泌系」とよぶ。ホルモンとは，血管を通って，はなれた細胞に影響をあたえる物質のこと。下垂体および副腎は，特に免疫系にかかわる内分泌器官。

副腎皮質
腎臓の上に位置する内分泌器官で，「糖質コルチコイド」や「鉱質コルチコイド」といったさまざまなホルモンを分泌し，身体の調整をおこなう。糖質コルチコイドは強力に免疫系のはたらきをおさえる。喘息やアトピーの治療で用いられる「ステロイド剤」の主成分は，この糖質コルチコイドやその類似物質。

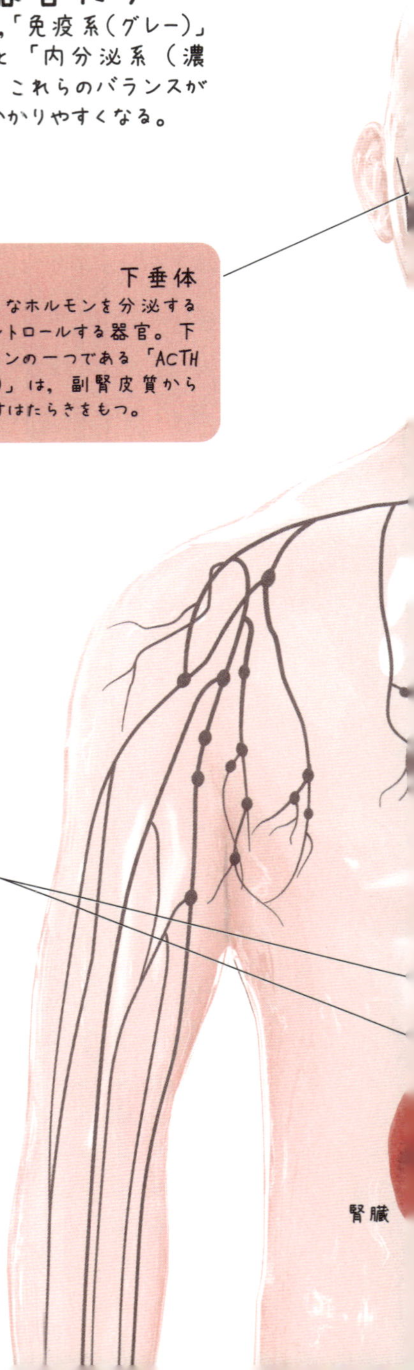

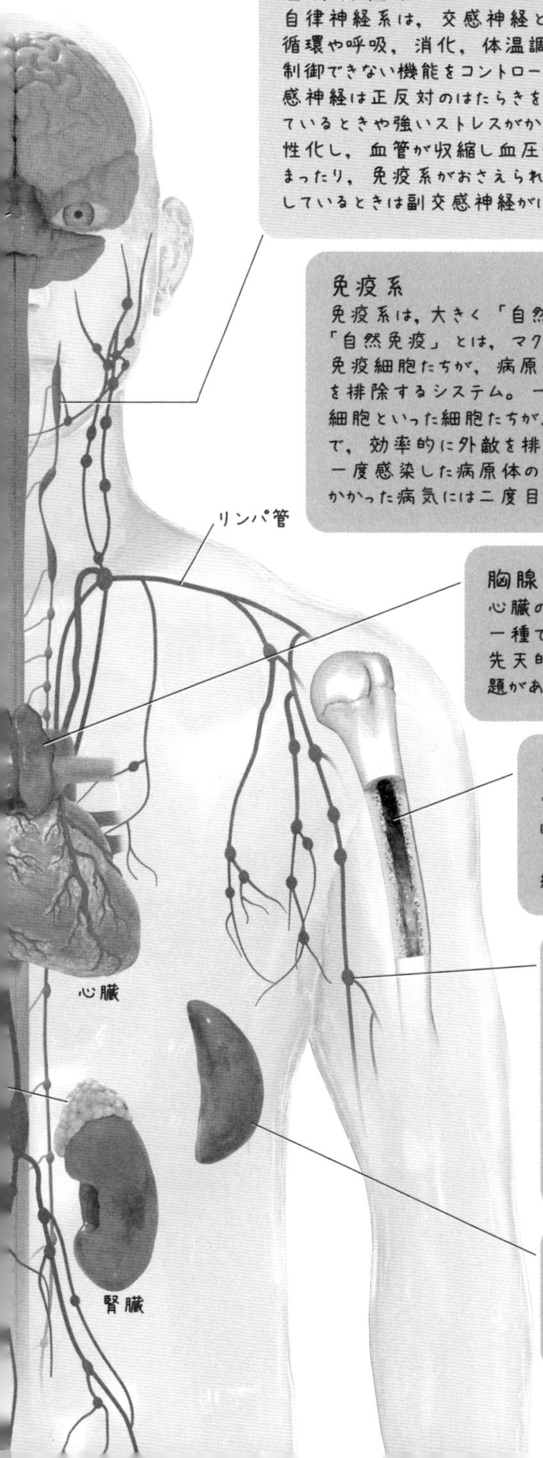

自律神経系

自律神経系は，交感神経と副交感神経からなり，血液循環や呼吸，消化，体温調節といった，自分の意思では制御できない機能をコントロールしている。交感神経と副交感神経は正反対のはたらきをもつ。はげしい活動をおこなっているときや強いストレスがかかったときは，交感神経が活性化し，血管が収縮し血圧が上がったり，消化活動が弱まったり，免疫系がおさえられたりする。一方で，リラックスしているときは副交感神経がはたらく。

免疫系

免疫系は，大きく「自然免疫」と「獲得免疫」に分けられる。「自然免疫」とは，マクロファージや好中球，樹状細胞といった免疫細胞たちが，病原体を“食べる”ことで，すみやかに外敵を排除するシステム。一方で「獲得免疫」とは，T細胞やB細胞といった細胞たちが，特定の病原体をねらって攻撃することで，効率的に外敵を排除するシステム。T細胞やB細胞には，一度感染した病原体の特徴を記憶するしくみがあるため，一度かかった病気には二度目はかかりにくくなる。

胸腺

心臓の上部に位置する器官で，免疫細胞の一種であるT細胞が成熟する場所。胸腺に先天的な障害があるとT細胞のはたらきに問題があらわれ，感染症にかかりやすくなる。

骨髄

骨の中にあるやわらかい組織。赤血球をはじめ，すべての血液細胞は骨髄でつくられる。また，免疫細胞の一種であるB細胞は，この骨髄で成熟する。

リンパ節

血管の外へしみだした血液中の液体（血漿）は「リンパ液」として全身をめぐりながら，老廃物を回収する。このリンパ液が集まり，流れる道筋が「リンパ管」。リンパ管のところどころには，T細胞やB細胞が集まる「リンパ節」があり，ここでリンパ管内を流れる異物をとらえる。

脾臓

胃の横にある器官。脾臓にはT細胞やB細胞が集まっており，血管内を流れる異物をとらえる。

免疫力低下の最大原因は加齢

先生，よく「年をとると免疫力が下がる」っていいますよね。これは，年をとるにつれて，自律神経系と内分泌系，免疫系がうまくはたらかなくなるということなんですか？

そうですね。年をとると，免疫の機能はかなり低下します。免疫の機能が低下する要因はいろいろありますが，免疫力が低下する最も大きな要因は，やはり**加齢**だと考えられています。

加齢ですか……。どんなに頑張っても免疫力の低下は避けられないということなんですね。でもどうして，加齢が免疫力低下の大きな原因になるんですか？

実は，加齢による影響が強くあらわれる場所が，**胸腺**なんです。

胸腺？　胸腺って，T細胞が育つ場所ですよね。

そうです。胸腺は，未熟なT細胞を選抜し，成熟させて送りだすという，免疫システムにおいて非常に重要な役割をになう組織なんですね。
胸腺は，胸骨の裏側，心臓の上前部分に位置する組織で，胎児から幼児期にかけて活発にはたらき，思春期に活動のピークをむかえ，たくさんのT細胞がつくられます。しかし，そのあとは年をとるにしたがって脂肪に置きかわっていき，縮小していくのです。
40歳になるころにはピーク時の約10%の大きさにまで小さくなり，70歳になると，ほとんど残っていません。

ええっ!?　そんなに急激に小さくなっちゃうんですか？

そうなんです。胸腺の縮小は，免疫系にさまざまな悪い影響をおよぼします。
まず，T細胞を選抜する機能が衰えます。これは，異物を認識する能力が弱いT細胞や，まちがえて自己を攻撃してしまうようなT細胞を体内に放出してしまうことになります。

そうなると，免疫システムの機能が落ちてしまいますね。

そうです。さらに，加齢とともに，新しい免疫細胞がつくられる量が減り，細胞じたいの数が減ります。これも胸腺の縮小とあわせて，免疫機能の低下をまねく原因となるのです。

なるほど。年をとると，体全体が衰えてきますからね。

また，加齢にともなって皮膚の水分量が減少します。実はこれも，免疫力を低下させる原因となります。

皮膚の水分量が？

私たちの体全体を覆う皮膚は，外界からの異物侵入を防ぐ，重要な**バリア**なんです。しかし，加齢とともに，皮膚の表面にある角質細胞のすき間を埋めている水分の量は減少していきます。すると，細胞間のすき間が広がって，異物が侵入しやすくなるのです。

なるほど！　皮膚はバリアの役割もあったのか。
意外なところが免疫力低下に影響してくるんですね。

また，加齢のほか，遺伝的な要素も関係していると考えられています。

ポイント！

免疫力の低下の最大の要因は加齢

1. 胸腺の縮小

T細胞の選抜機能が低下し，異物を排除する十分な能力をもたないT細胞や，自己を攻撃してしまうT細胞が増加する。主に獲得免疫の機能を低下させる。

2. 免疫細胞数の減少

免疫細胞じたいが減少することで異物を攻撃する能力が下がる。自然免疫と獲得免疫の両方の機能を低下させる。

3. 皮膚の水分量の減少

皮膚の表面にある角質細胞のすき間を埋めている水分の量が減少すると，細胞や微生物などの異物が侵入しやすくなる。主に自然免疫の機能を低下させる。

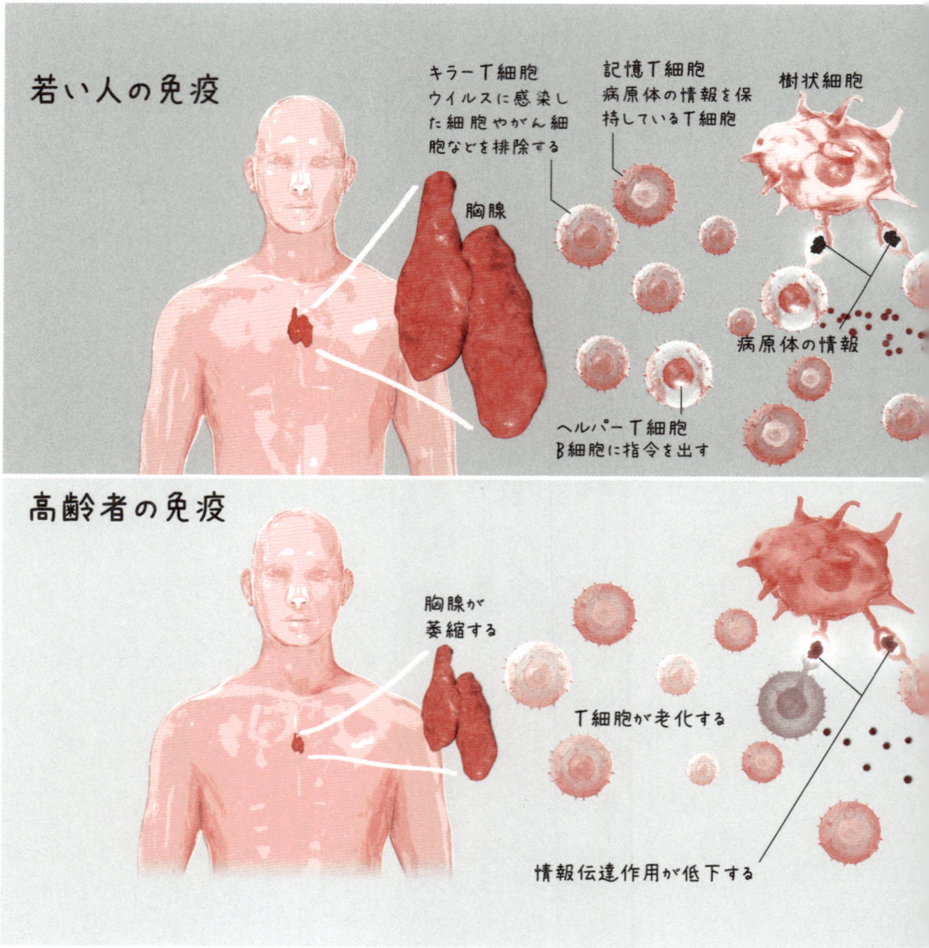
若い人の免疫
キラーT細胞
ウイルスに感染した細胞やがん細胞などを排除する
記憶T細胞
病原体の情報を保持しているT細胞
樹状細胞
胸腺
病原体の情報
ヘルパーT細胞
B細胞に指令を出す
高齢者の免疫
胸腺が萎縮する
T細胞が老化する
情報伝達作用が低下する

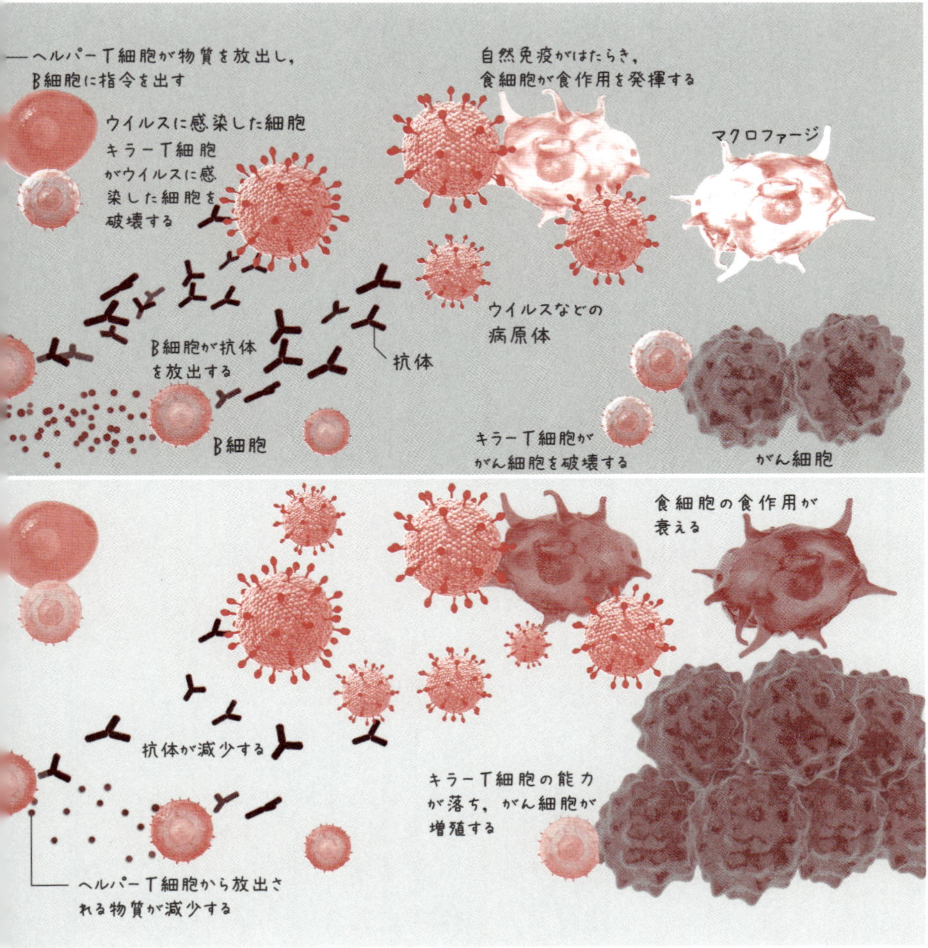
ヘルパーT細胞が物質を放出し，B細胞に指令を出す
ウイルスに感染した細胞
キラーT細胞がウイルスに感染した細胞を破壊する
B細胞が抗体を放出する
抗体
B細胞
自然免疫がはたらき，食細胞が食作用を発揮する
マクロファージ
ウイルスなどの病原体
キラーT細胞ががん細胞を破壊する
がん細胞
食細胞の食作用が衰える
抗体が減少する
キラーT細胞の能力が落ち，がん細胞が増殖する
ヘルパーT細胞から放出される物質が減少する

ストレスは免疫力の大敵

加齢や遺伝の影響は，避けようとしても避けることはできません。しかし，ふだんの生活環境の中にも，免疫力を低下させる要因がひそんでいます。

生活環境が原因なら，何らかの対策は立てられそうですね。免疫力を低下させる生活環境の要因には，どんなものがあるんですか？

まず挙げられるのは，**乾燥**と**ストレス**です。

乾燥とストレス～!?　不思議な組み合わせですね。

はい。乾燥は，先ほどお話ししたように，加齢にともなう皮膚の水分減少にも関係してきます。
さらに，乾燥は，皮膚だけではなく，自然免疫で重要な役割をもつ**粘膜**の機能にも影響してくるんですね。

粘膜，ですか。

はい。冬になると，風邪を引きやすくなります。インフルエンザも，大体秋から冬にかけて流行しますよね。これは，空気の乾燥による粘膜の機能低下が大きな原因の一つなのです。

夏にインフルが流行らないのはそういう理由もあったんですね。

そうです。のどや気管の粘膜には，細かい毛をもつ**線毛細胞**が存在しています。線毛細胞は粘液で覆われていて，異物が入りこむと，粘液と一緒に外へ排除するはたらきがあります。
しかし，空気が乾燥すると，線毛細胞の粘液が減って，異物を排出する効率が下がるのです。

なるほど～！　のどや鼻にはなるべく湿気をあたえるほうがいいんですね。だから冬には加湿がマストなんですね。

風邪をひいたときや，感染予防のためにマスクを着用しますよね。マスクは，ウイルスの飛散を防いだり，ウイルスの侵入を防ぐための物理的な効果もありますが，それ以上に，鼻や口の中の湿度を上げ，粘膜の機能を低下させない効果が大きいといわれているのです。

そうなんですね。免疫力を下げないためには，湿度が大事というのは，目からウロコでした。
今年の冬は，早速加湿器を導入しよう。

一方，ストレスが，人体のさまざまな機能に悪影響をおよぼすことはすでに広く知られています。当然ながら，ストレスは免疫系にも悪い影響をおよぼします。

ストレスが体に悪いのはよく聞きます。現代社会は「ストレス社会」ともいわれていますよね。ストレスは，免疫系にどのような影響をおよぼすんですか？

先ほど，体が何らかのストレスを感じると，交感神経系からノルアドレナリンが放出され，血管の収縮がおこり，心臓のはたらきを高めて心拍数を上げるようにはたらくとお話ししました。
実はこのとき，粘膜の血管も収縮してしまうため，粘膜の機能も低下してしまうんですね。

なるほど……！

また，先ほど，加齢にともなって胸腺は小さくなっていくとお話ししました。実は，強いストレスを感じ続けることでも，胸腺が萎縮することがわかっています。

胸腺が萎縮？

はい。ストレスを感じると，ノルアドレナリンのほか，**コルチコステロン**というホルモンも放出されます。このホルモンの作用で胸腺に障害がおき，リンパ球の産生が抑制されてしまうのです。このことは，強いストレスを受け続けた子どもの胸腺に萎縮が見られたことから注目されるようになったのです。

そうなんですね……。ストレスを感じたら，放置せずに早々の対応が必須ですね。

ほかにも，免疫力の低下の原因として，**睡眠不足**や**酒**，**タバコ**が挙げられます。
睡眠は，副交感神経の機能を高め，免疫細胞の活性を上げることがわかっています。ですから，睡眠不足は，その機会を逃していることになります。また，睡眠による免疫細胞の活性化には，深い眠り（ノンレム睡眠）が必要です。睡眠時間を長くとったとしても，眠りが浅いと効果が薄いようです。

なるほど。睡眠不足って最悪ですよね。朝はつらいし，疲れは取れないし，それでまた失敗を誘発したりして。ストレスの悪循環の元凶のような気がします。
酒やタバコは，いうまでもなく体によくないですよね。

そうですね。タバコに含まれる有害な化学物質は，免疫細胞の活性を下げます。また喫煙によって，マクロファージや好中球など，異物を直接取りこんで排除する免疫細胞が肺に過剰に集まり，これが肺の活動に悪影響をおよぼすこともわかっています。
また，飲酒によって，毒性のある分解物（アセトアルデヒド）が体内にたまると，肝臓や消化器の機能が落ち，栄養素の吸収・分解の機能低下を通じて，免疫系に悪影響がおよびます。

すべて，つながるんですね。「免疫力は，総合力」なんですね。

ポイント！

免疫力を下げる，さまざまな要素

ストレス
粘膜の機能や免疫細胞の活性を低下させる。

加齢
免疫細胞の機能低下や数の減少を招く。

乾燥
粘膜の機能が低下し，異物が侵入しやすくなる。

遺伝
免疫にかかわる遺伝子の機能の異常など。

睡眠不足
睡眠による免疫細胞の活性化がおきなくなる。

タバコ
有害な化学物質が免疫細胞の活性を下げる。

アルコール
毒性をもった分解物が，免疫系に広く悪影響。

免疫力を低下させるさまざまな要因をまとめた。避けることができない要因と，日々の生活において避けることができる要因がある。それぞれの要因のあいだにも密接な関連がある。たとえばアルコールによる人体への影響の強さは，遺伝的にもっているアセトアルデヒドの分解酵素の活性が関係してくる。

免疫力を下げない生活を心がけよう

加齢や遺伝は避けられないとしても，生活習慣的な原因なら，何か予防ができそうです。免疫力を下げないようにするための，何か具体的な方法はあるのですか？

そうですね。免疫力は，10代後半から20代前半がピークだといわれています。ただ，生活習慣に気をつけることで，免疫力低下のスピードはある程度緩和することは可能かもしれません。

生活習慣，ですか。具体的には，どうすればいいんですか？

まずは**食事**が大切です。体内の免疫細胞の総数は，2兆個もあるといわれています。
人体を構成している細胞の総数はおよそ37兆個だといわれていますから，約5.5%が免疫細胞ということになります。

免疫細胞って，そんなにいるんですね。

さらに，免疫細胞のうち5%（約1000億個）が毎日失われては，新たにつくられています。このような膨大な数の免疫細胞をつくり続けるためには，十分な栄養が必要であることはいうまでもありません。

まずは栄養分ですね！

免疫力を高めるためには，ビタミンBやビタミンEが必要です。
しかし，栄養は，あくまで，多くの食品をバランスよく摂取することが大切です。これらの栄養素ばかりを集中的に摂取すると栄養バランスが崩れ，免疫力の向上にはなりません。

まずは，バランスのよい食事を心がけて，そのうえで効果のあるビタミンを摂取するということですね。

さらに，適度な強度の運動を定期的におこなうことも，免疫力の向上に効果があります。
運動をすると，体内の免疫細胞の活性が上がることが実験によって確認されています。
運動終了後には活性は下がりますが，定期的に運動することで平常時の活性も徐々に上がっていくといいます。
また，運動で体力をつけることや血液の循環をよくすることは，免疫力の向上につながります。

なるほど。運動って，そういう効果があるんですね。

免疫力を保つには，バランスのとれた食生活や適度な運動，十分な睡眠など，いわゆる“当たり前”のことばかりですよね。わかってはいても，これらを日常的に継続することはむずかしいかもしれません。でも，免疫細胞たちが日々体を守っていることを思いだして，頑張ってみてください。

そうですね！　そう考えると頑張れそうです。

ポイント！

免疫力を維持するために

1. バランスのよい食事

同じ食品をくりかえし食べることはバランスを崩すことにつながる。

2. 定期的な運動

適度な運動を定期的におこなうと，免疫細胞の活性が上がる。また，体力の向上は，総合的な免疫力の底上げにつながる。

3. 生活習慣の見直し

免疫力を低下させる生活習慣（ストレス，タバコ，アルコール，睡眠不足など）をできるだけ避ける。

偉人伝❸

現代のワクチン予防を確立した化学者，

ルイ・パスツール

自然発生説を完全否定

1796年にイギリスの医師ジェンナーは，牛痘患者の膿(うみ)を接種することで，天然痘を予防できることを証明しました。しかし，別の病気を利用するのではなく，病原体を弱くし，それをワクチンとして用いるという，現代の予防接種の方法に近いしくみをつくりだしたのが，フランスの化学者ルイ・パスツールです。

パスツールは，1822年にフランスのドール市で，皮なめし職人の長男として生まれました。パリの高等師範学校を卒業後，化学者として研究を始め，1848年にストラスブール大学教授，1854年にリール大学教授となり，着実に研究者としての道を歩んでいきます。1861年には微生物の実験をおこない，当時根強く残っていた生物の自然発生説がまちがっていることを証明しました。

予防接種のしくみを確立

パスツールは「一度病気にかかると同じ病気にはかかりにくくなる」という「二度無し現象」とよばれるしくみをつかって，病気を予防できないかと考えました。そして1880年，ニワトリに無毒化したコレラを注射すると，そのニワトリがコレラにかからなくなることを確認します。これをきっかけに，パスツールはいろいろな病気の予防方法を確立していき，その翌年には，炭疽病の予防接種にも成功しました。

また同じように1885年，狂犬病の病原体を無毒化したものを，狂犬病の犬にかまれたジョセフという少年に注射しました。狂犬病は，発症すると死亡率がほぼ100％というおそろしい病気ですが，数か月ほど潜伏期間があるため，感染後すぐにワクチンを接種することで，発症を防ぐことができます。結果的にジョセフは助かり，狂犬病の発症を予防できることを証明することになったのです。

パスツールは，ジェンナーに敬意を表して，この予防法にラテン語の「雌牛（Vacca）」から「ワクチン（Vaccine）」と名付けました。今，おこなわれている予防接種の基本的なしくみは，まさにパスツールがつくりだしたものであり，彼は化学者でありながら，多くの人々の命を救ったのです。

パスツールは1895年９月28日に死去しましたが，生前には彼の名を冠したパスツール研究所が設立され，かつてパスツールに命を助けられたジョセフがその守衛を務めました。

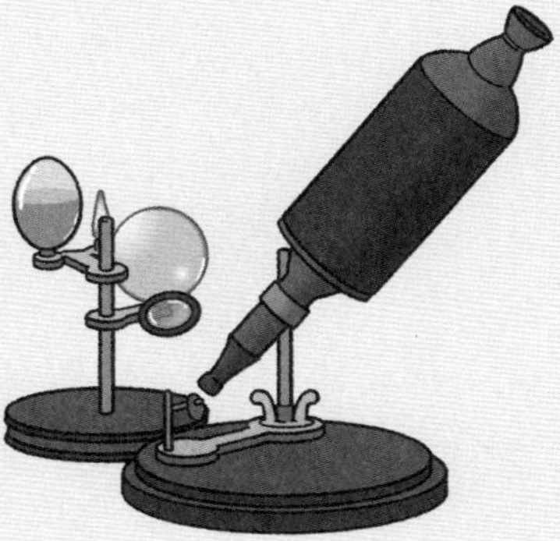

2
時間目

免疫の不調がもたらす病気

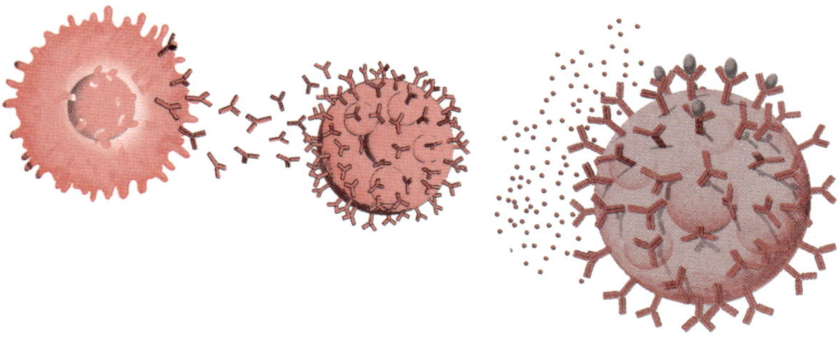

STEP 1

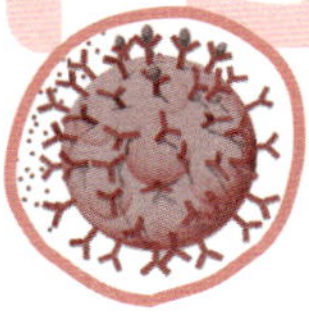

免疫の暴走「アレルギー」と「自己免疫疾患」

すぐれた免疫システムも，エラーをおこすことがあります。すると，免疫反応の“暴走”がおき，アレルギーや自己免疫疾患などの疾患を引きおこします。

アレルギーはなぜおきる？

免疫は，外から侵入してくる異物を排除し，体を守ってくれる，たのもしいシステムです。しかし，ときとしてそのシステムにエラーがおきることがあります。
エラーがおきると，免疫は本来攻撃する必要がない異物に対して反応してしまい，さまざまな症状が引きおこされることがあります。
2時間目では，免疫の誤作動が引きおこす病気や，そのメカニズムについて見ていきましょう。

その代表が**アレルギー**ということでしたね。

そうです。厚生労働省の調査によると，現在，日本人の3～4人に1人が何らかのアレルギーをもつことがわかっています。

そんなにたくさんの人が!?

そうなんですよ。
アレルギーには，花粉症，食物アレルギー，金属アレルギー，アトピー性皮膚炎やぜんそくなど，さまざまな種類があり，症状も多様で，ときに命にかかわることもあります。

先生，アレルギーって，なぜおきるんでしょう？

それではまず，アレルギーがあらわれるしくみについて見ていきましょう。
先ほどお話ししたように，**アレルギーとは，免疫細胞の誤作動によって免疫が過剰反応をおこし，体にさまざまな症状を引きおこす現象をいいます。**
体内に侵入した，本来は攻撃対象ではない物質に対して，免疫が反応してしまうんですね。
アレルギーを引きおこす原因となる物質を**アレルゲン**といい，食べ物や花粉，ダニやホコリ，金属など，さまざまなものがあります。

ポイント！

アレルギー

免疫細胞の誤作動によって免疫が過剰反応をおこし，体にさまざまな症状を引きおこす現象のこと。アレルギーを引きおこす物質をアレルゲンという。

また，アレルギーにはさまざまな型があります。
食べ物や花粉症などの代表的なアレルギーは**即時型アレルギー**といい，アレルゲンを摂取すると2時間以内に症状があらわれるものです。
主な症状としては，発疹などの皮膚症状や咳，くしゃみ，鼻水，アナフィラキシーなどがあります。

アレルギーというと，この即時型アレルギーが一般的な感じですね。

そうですね。
そして，この即時型アレルギーは，**IgE抗体**が介在することによって引きおこされます。

IgE抗体？

はい。1時間目で抗体には5種類があるとお話ししました。
IgE抗体はそのうちの一つで，主にアレルギーに関与する抗体なんです。
最初にアレルゲンが体内に入ると，免疫細胞が異物と判断して，反応します。ここまでお話ししたように，異物を処理した樹状細胞から抗原情報を受け取ったT細胞がB細胞に指示を出し，B細胞がアレルゲンを攻撃する抗体をつくるんですね。
アレルゲンを攻撃するためにつくられるのが，この**IgE抗体**です。

ふむふむ。

免疫が反応して抗体をつくることを**感作**（かんさ）といいます。
どのアレルゲンに対して感作がおきるかは人によってさまざまです。たとえば卵に対してIgE抗体ができる人もいれば，ダニに対してできる人もいます。
つまり，卵に対してIgE抗体ができる人は卵アレルギーになるし，ダニに対してIgE抗体ができる人はダニアレルギーになる，というわけです。

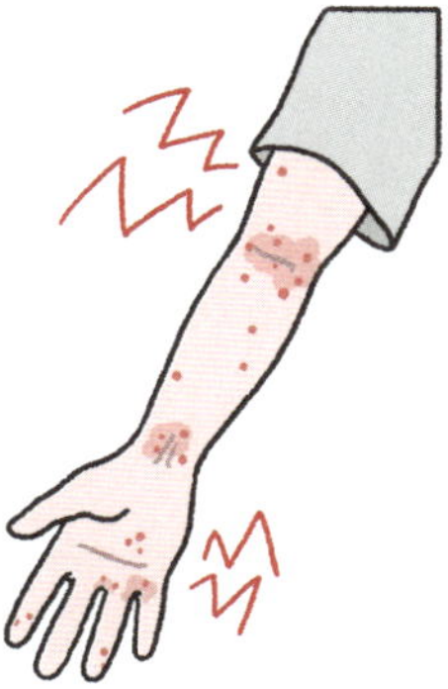

なるほど。じゃあ私は，スギ花粉に対してIgE抗体ができるんですね。

その通りです。また，即時型アレルギーに対して，**遅延型アレルギー**というものもあります。遅延型アレルギーは，アレルゲンを摂取しても症状はすぐにはあらわれず，数時間～数日後にあらわれます。症状には，即時型アレルギーの症状に加え，頭痛や肩こり，めまいや倦怠感，メンタル面の不調といったものが見られます。遅延型アレルギーの場合，抗体ではなく，免疫が原因であると考えられています。

ポイント！

アレルギーをおこしやすい物質

アレルギーを引きおこしやすい物質には特に共通点はなく，実際にアレルギーをおこした例から，アレルギーをおこしやすいものがわかっているというだけである。

吸いこむもの

花粉（スギ，ヒノキ，ブタクサなど），ダニ，ハウスダスト，カビの胞子，ペットのフケなど。

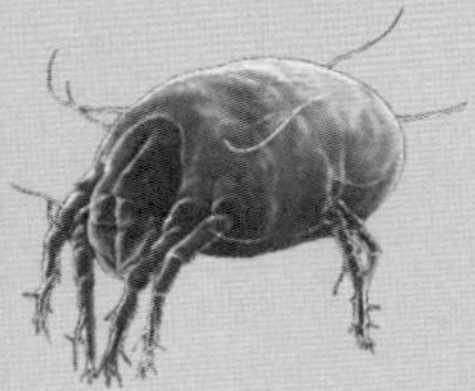

体内に直接入るもの

スズメバチの毒
点滴や注射で体内に入る薬など。予防接種のワクチンなども含まれる。体内に直接入るため，重い症状を引きおこしやすい。

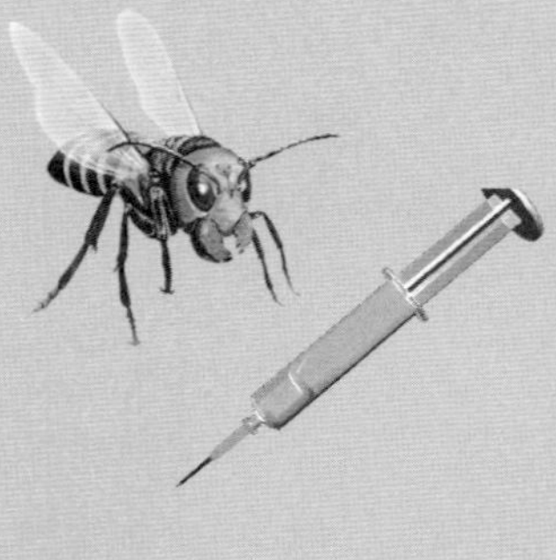

食べ物など口から摂取するもの

パン（小麦），卵，牛乳，ピーナッツ，果物，甲殻類（エビ，カニなど），ソバなど。
食物アレルギーの三大アレルゲンは，卵，小麦，牛乳だとされていたが，近年は木の実類が増えている。メロンやキウイ，リンゴ，マンゴーなどの果物にアレルギーをおこす人もいる。

皮膚に触れるもの

金属製のアクセサリー，歯科治療に使われる金属など。ペットのだ液も原因になることがある。

アレルギーが引きおこされるしくみ

先生，私は花粉症で，毎年春がやってくるのが恐怖なんですけれども……，アレルギーはどうしておきるんですか？

では続いて，即時型アレルギーが引きおこされるしくみについて見ていきましょう。
気管支や鼻粘膜，結膜，皮膚や皮下組織，肺や消化管など，外界と接する器官の粘膜や組織には，**肥満細胞（マスト細胞）**という細胞が存在しています。肥満細胞は，炎症や免疫反応に関与する細胞です。
アレルゲンが体内に侵入したことによって免疫反応がおき，大量に放出されたIgE抗体は，この肥満細胞にびっしりと結合した状態になるのです。

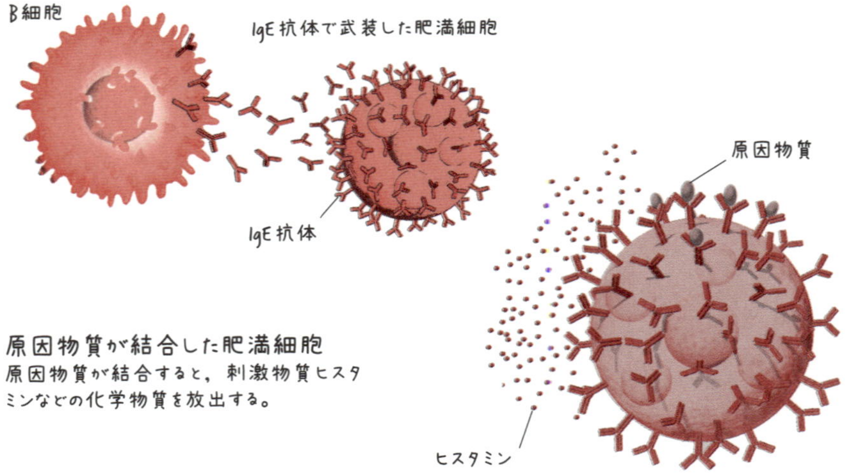

原因物質が結合した肥満細胞
原因物質が結合すると，刺激物質ヒスタミンなどの化学物質を放出する。

気管支とか鼻とか結膜とか，肥満細胞がいる場所って，アレルギーの症状が出る場所ですね。この場所にいる肥満細胞が，IgE抗体で“武装”してしまうわけですか。

そうです。
アレルゲンがはじめて体に入ったときはまだアレルギー症状はおきず，IgE抗体がつくられるだけなんですね。このときアレルギーをもつ体質となります（感作）。問題は2回目です。ふたたび同じアレルゲンが体内に入ると，今度はIgE抗体で武装していますから，アレルゲンに対して一斉攻撃がおきます。つまり，アレルゲンの成分に，肥満細胞表面のIgE抗体が次々に結合していくわけですね。

ふむふむ。

アレルゲンの成分に肥満細胞表面のIgE抗体が結合すると，肥満細胞が**ヒスタミン**などの，炎症を引きおこす化学物質を分泌します。このヒスタミンの刺激によって，鼻水が出たり，目がかゆくなったり，じんましんが出るといったアレルギー症状があらわれるのです。

なるほど……。**アレルゲンの1回目の侵入で抗体がつくられて，2回目の侵入でアレルギー反応がおきるんですね。**アレルゲンが1回目に侵入したときに抗体ができるかどうかが分かれ道ってことなんですね。

その通りです。次のページのイラストは，花粉症を例に，アレルギーの症状がおきるしくみをえがいたものです。

花粉と免疫系の戦い

花粉の侵入によって鼻づまりがおきたり，鼻水が増えたりするメカニズムをえがきました。体は，花粉の一度目の侵入で防御の態勢を整え，二度目の侵入でアレルギー反応をおこします。

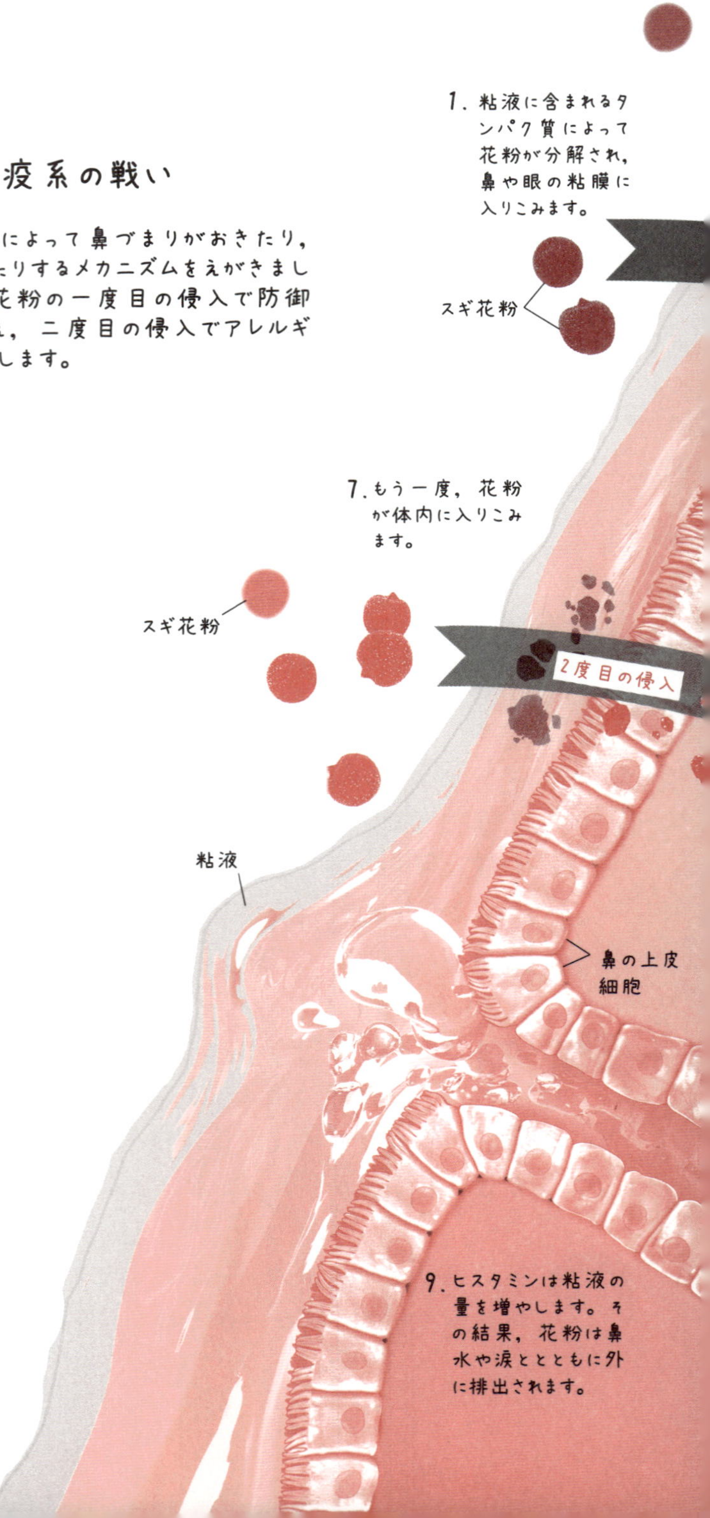

1．粘液に含まれるタンパク質によって花粉が分解され，鼻や眼の粘膜に入りこみます。
スギ花粉
7．もう一度，花粉が体内に入りこみます。
スギ花粉
2度目の侵入
粘液
鼻の上皮細胞
9．ヒスタミンは粘液の量を増やします。その結果，花粉は鼻水や涙とともに外に排出されます。

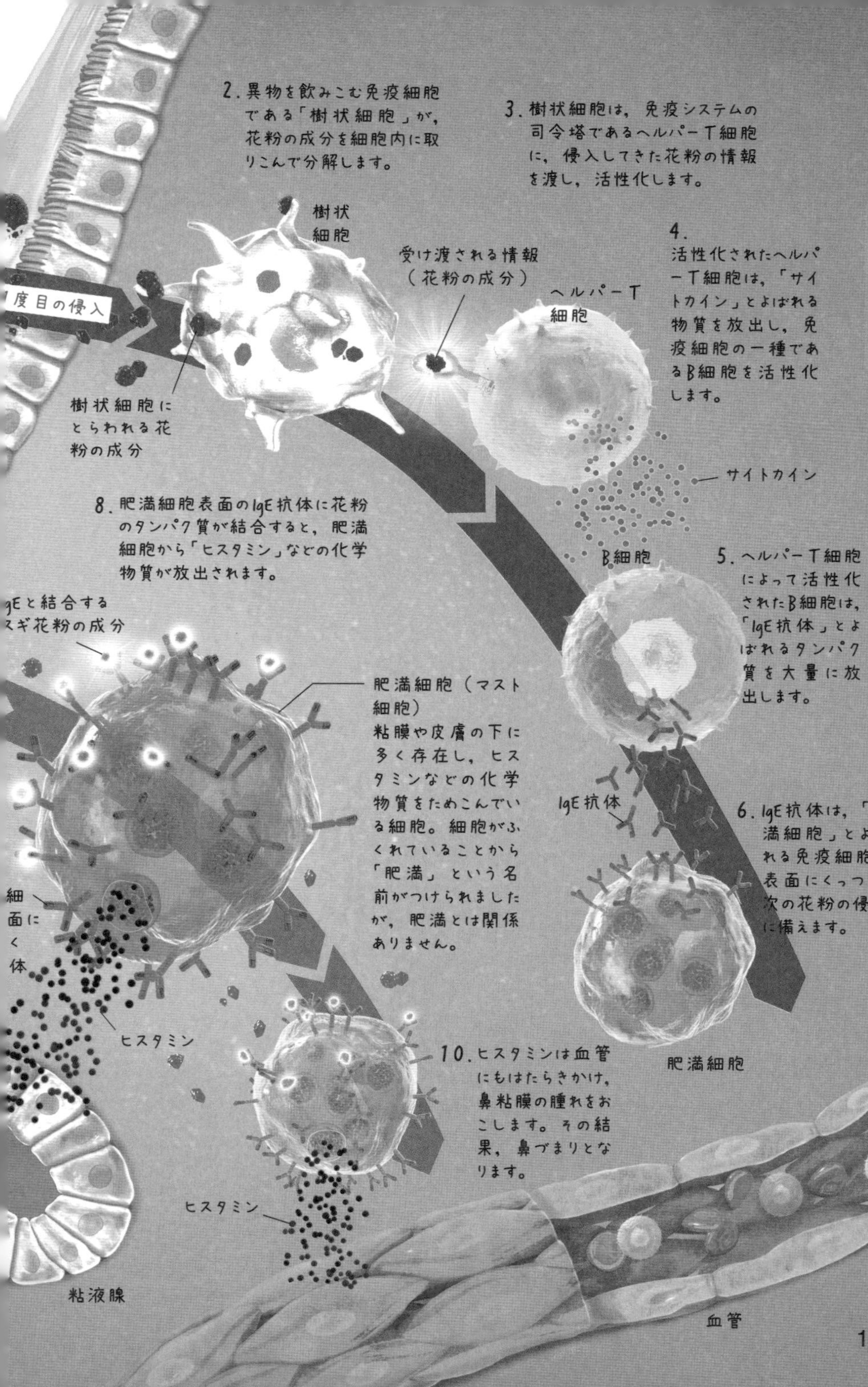
度目の侵入
2. 異物を飲みこむ免疫細胞である「樹状細胞」が，花粉の成分を細胞内に取りこんで分解します。
樹状細胞
樹状細胞にとらわれる花粉の成分
受け渡される情報（花粉の成分）
3. 樹状細胞は，免疫システムの司令塔であるヘルパーT細胞に，侵入してきた花粉の情報を渡し，活性化します。
ヘルパーT細胞
4. 活性化されたヘルパーT細胞は，「サイトカイン」とよばれる物質を放出し，免疫細胞の一種であるB細胞を活性化します。
サイトカイン
B細胞
5. ヘルパーT細胞によって活性化されたB細胞は，「IgE抗体」とよばれるタンパク質を大量に放出します。
IgE抗体
6. IgE抗体は，「肥満細胞」とよばれる免疫細胞の表面にくっつき，次の花粉の侵入に備えます。
肥満細胞
8. 肥満細胞表面のIgE抗体に花粉のタンパク質が結合すると，肥満細胞から「ヒスタミン」などの化学物質が放出されます。
gEと結合するスギ花粉の成分
肥満細胞（マスト細胞）
粘膜や皮膚の下に多く存在し，ヒスタミンなどの化学物質をためこんでいる細胞。細胞がふくれていることから「肥満」という名前がつけられましたが，肥満とは関係ありません。
細
面に
く
体
ヒスタミン
10. ヒスタミンは血管にもはたらきかけ，鼻粘膜の腫れをおこします。その結果，鼻づまりとなります。
ヒスタミン
粘液腺
血管

抗体は，気づかないうちにできているわけですよね。自分に何のアレルギーがあるのかは，実際にアレルギーがおきない限りわからないわけですか。

そうです。ですから，今アレルゲンとして認定されているものは，これまで発症事例があったもの，ということなんですよ。

そうなんですね……。
ところで，私は数年前に，突然花粉症を発症したんですよ。こんなふうに，これまで花粉症ではなかったのに，突然花粉症になるのはどういうわけなのですか？

これは，毎年少しずつ花粉に反応するIgE抗体量が体内で増えていき，あるときに限界をこえることで，花粉症の症状があらわれるためだと考えられています。

なるほど……。私はとにかくくしゃみ・鼻水がひどいんです。鼻粘膜に少しずつ蓄積されていっていたのかぁ。

花粉症だけでなく，気管支喘息やアトピー性皮膚炎（アレルギー性の皮膚炎）も，同じメカニズムで引きおこされます。喘息患者さんは，ダニの死骸の破片やハウスダストなどのアレルゲンを吸いこむと，気道でアレルギー反応がおきます。それによって気管支の筋肉が収縮したり，粘液が分泌されたりしてさらに気管がせばまり，呼吸が苦しくなります。

気管支だと，苦しくてつらいですね……。

また，アトピー性皮膚炎の患者さんでも，ダニの死骸の破片などのアレルゲンが皮膚に触れるとアレルギー反応がおき，ヒスタミンがかゆみをおこしてしまうのです。
喘息やアトピー性皮膚炎では，気管支粘膜や皮膚が常に傷ついているため，アレルゲンが体内に入りやすくなり，結果的にアレルギー反応が続くという，悪循環を引きおこす状況になってしまっています。

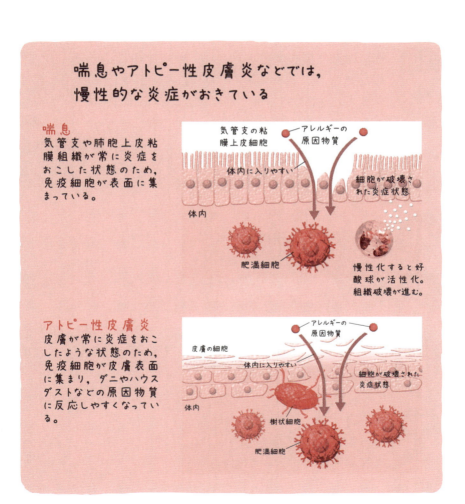

喘息やアトピー性皮膚炎などでは，慢性的な炎症がおきている

喘息
気管支や肺胞上皮粘膜組織が常に炎症をおこした状態のため，免疫細胞が表面に集まっている。

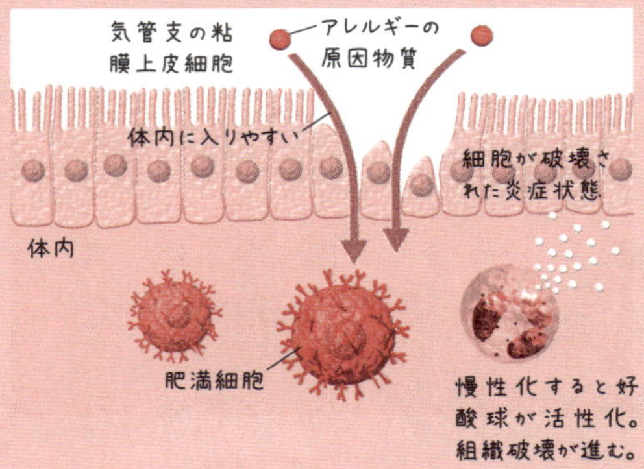

アトピー性皮膚炎
皮膚が常に炎症をおこしたような状態のため，免疫細胞が皮膚表面に集まり，ダニやハウスダストなどの原因物質に反応しやすくなっている。

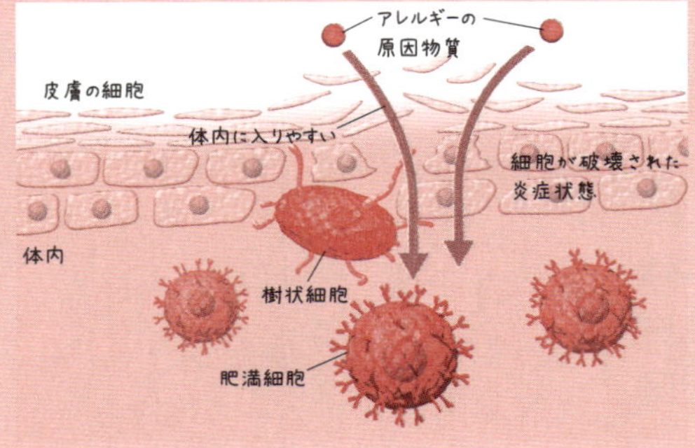

きれいな環境で育つとアレルギーになりやすい？

先生，アレルギーがおきるしくみはわかりました。IgE抗体が抗原を攻撃して，肥満細胞がヒスタミンを分泌するからですよね。
でも，そもそもなぜ，かゆみやくしゃみといったひどい症状が引きおこされてしまうんですか？

確かにそうですよね。
それでは，アレルギーについて，もう少しくわしく見ていきましょう。
少しおさらいになりますが，私たちのまわりには，無数ともいえる細菌やウイルスが存在します。そうした異物が体内に入ると，まず食細胞たちが活躍して，排除しますよね。

はい。それらの細胞が食べちゃうんですよね。

そうです。これらの細胞が異物を“食べる”ことで排除し，それが獲得免疫に引き継がれるわけですね。

T細胞がキラーT細胞とヘルパーT細胞に分化して，B細胞に抗体をつくらせると。

その通りです。
このような自然免疫は**1型免疫反応**といい，B細胞に指令を出すヘルパーT細胞は**Th1細胞**といいます。

1型免疫反応？　ということは，別な型があるわけですか。

そうなんです。細菌やウイルスは1型免疫反応で対応できます。しかし，これが**寄生虫**の場合，そうはいかないんです。なぜなら寄生虫は，細菌やウイルス，さらには食細胞とくらべても圧倒的に大きいからです。

自分の体よりも大きい!?　ということは，大きすぎて食細胞たちが食べられないんですね！

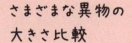

さまざまな異物の大きさ比較

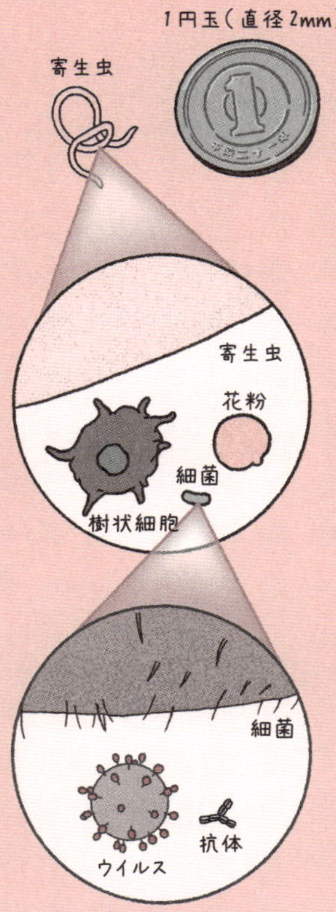

寄生虫の中には，目で見えるほどの大きさのものもいる。それに対し，樹状細胞や花粉は約0.02ミリメートル，細菌は0.001ミリメートルほどの大きさしかない。ウイルスや抗体はさらに小さく，細菌の1000分の1くらいの大きさしかない。

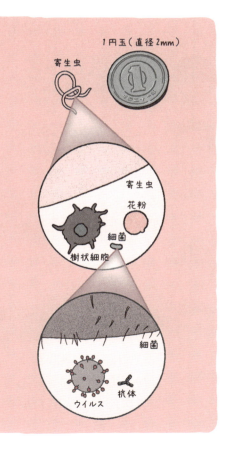

そうです。つまり，寄生虫相手の場合，1型とはことなる攻撃法が必要となるんです。そこで，ヒスタミンなどの化学物質を放出することで，急激なかゆみを引きおこしたり，鼻水の原料となる粘液を大量に分泌させるという“戦略”を取ります。
私たちはかゆくなると皮膚をかきますよね。そうすることで寄生虫をはらい落とすことができます。また，鼻水や涙が分泌することによって，寄生虫の卵を洗い流すことができるのです。
このように，脂肪細胞に結合してヒスタミンを分泌させる免疫反応は**2型免疫反応**といい，その司令塔となるヘルパーT細胞を**Th2細胞**といいます。

侵入者のサイズによって，ヘルパーT細胞の種類も変わっていたんですね。

そうなんです。T細胞は，ウイルスや細菌が侵入してきた場合にはTh1細胞になり，寄生虫が侵入してきた場合はTh2細胞になります。**また，通常はTh1細胞とTh2細胞はたがいに制御し合っていて，どちらかが過剰にはたらかないようにバランスが保たれているのです。**

そうなんですか!?

このうち，アレルギーに関与しているのはTh2細胞だと考えられています。本来は寄生虫といった強敵に反応するTh2細胞が，実はほとんど毒性のない花粉やダニの死骸といった異物に反応してしまうことで双方の細胞のバランスが崩れて，アレルギーにつながってしまうんですね。

なるほど……。

先に，近年，アレルギーをもつ人が増えていて，それは私たちが細菌やウイルスの少ない，清潔すぎる環境に住んでいるためではないかという説があるとお話ししました。**実は，幼児期に細菌やウイルスが体内に多く入ってきた場合，Th1細胞ができやすく，そうでない場合はTh2細胞ができやすい体質になることがわかっています。**このことから，清潔な環境で育つと菌に触れる機会が少なくなり，その結果Th2細胞が増えて，アレルギーをおこしやすくなるのではないかという仮説もあります。この説を**衛生仮説**といいます。

そうか，だからアレルゲンがはじめて体に侵入したとき，Th2細胞が多いか少ないかが，抗体ができるかできないかの分かれ道になるわけですね。

ポイント！

1型免疫反応（Th1細胞）
ウイルスや細菌に対する免疫反応。

2型免疫反応（Th2細胞）
本来は寄生虫に反応。花粉やダニの死がいなど，大型の異物に対する免疫反応。

T細胞のバランスにアレルギーの発症はかかわっている

ヘルパーT細胞（Th細胞）には，Th1細胞とTh2細胞の2種類ある。2種類のうち，どちらが多いかは環境によって決まり，そのバランスが，アレルギーの発症にかかわっているとされる。Th1細胞とTh2細胞のバランスは幼児期に決まる。

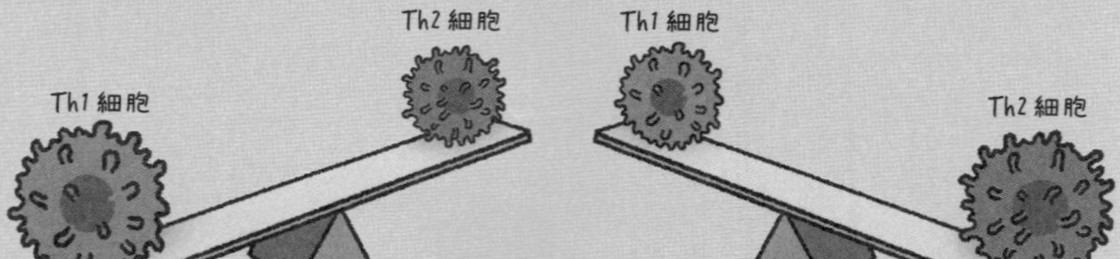

頻繁に細菌感染した　　衛生的な環境に育った

幼児期に頻繁に細菌感染すると，細菌を退治するTh1細胞が増えて優位になり，アレルギーをおこすTh2細胞は抑制される。そのため，アレルギーになりにくい。

幼児期に衛生的な環境で育ち，細菌感染の機会が少ないと，細菌を退治するためにはたらくTh1細胞が増えず，その分，アレルギーをおこすTh2細胞が優位になる。そのため，アレルギーになりやすくなる。

A. ウイルスや細菌を排除する免疫反応

B. 寄生虫を排除する免疫反応（アレルギーの原因）

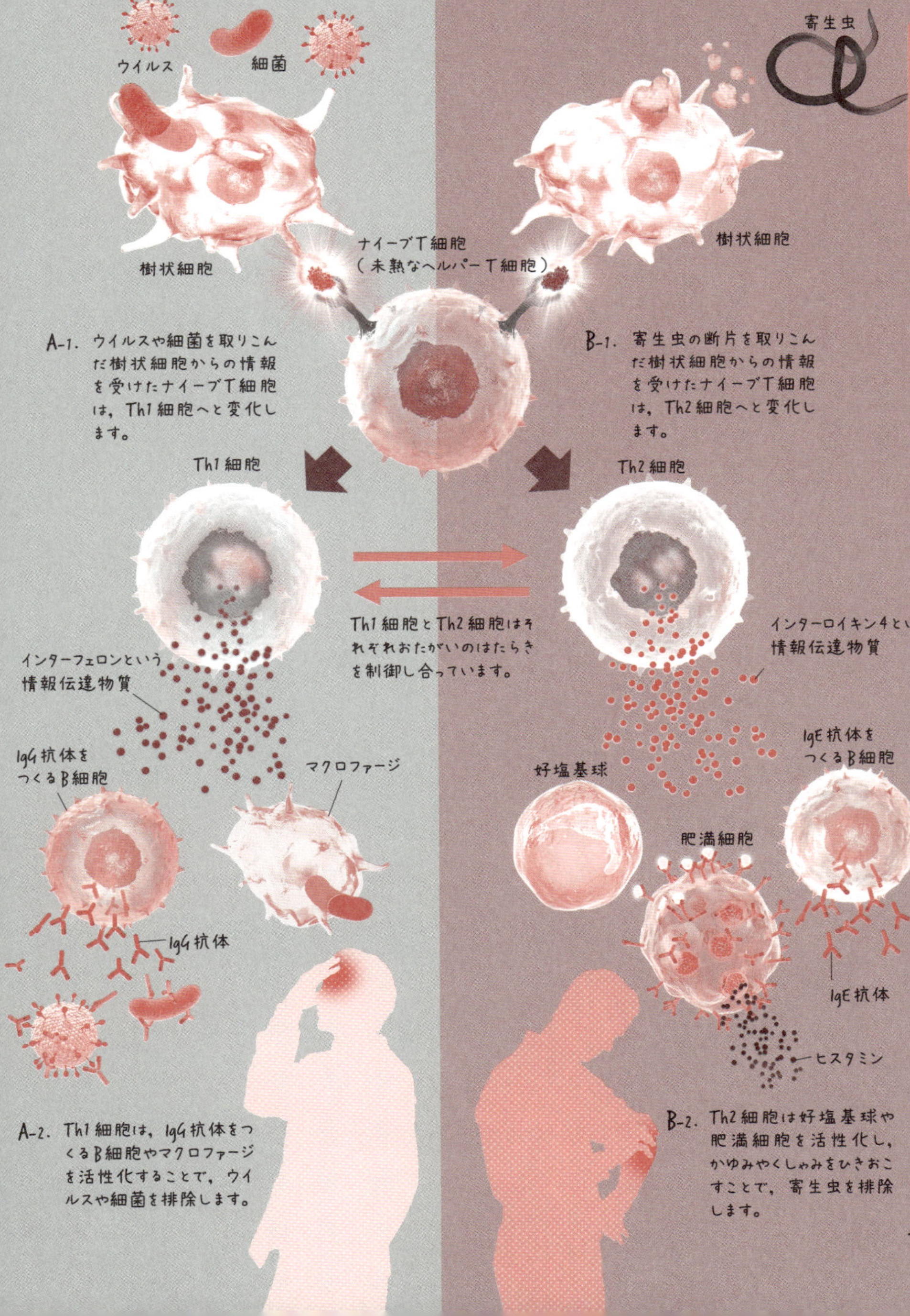

A-1. ウイルスや細菌を取りこんだ樹状細胞からの情報を受けたナイーブT細胞は，Th1 細胞へと変化します。

B-1. 寄生虫の断片を取りこんだ樹状細胞からの情報を受けたナイーブT細胞は，Th2 細胞へと変化します。

A-2. Th1 細胞は，IgG 抗体をつくるB細胞やマクロファージを活性化することで，ウイルスや細菌を排除します。

B-2. Th2 細胞は好塩基球や肥満細胞を活性化し，かゆみやくしゃみをひきおこすことで，寄生虫を排除します。

急増する花粉症

先生，私は花粉症に苦しんでいますが，私の周囲にも花粉症の人がたくさんいます。でも，よく考えてみると，小さいころは，こんなに花粉症の人っていなかった気がするんですけど……。

そうですね。花粉症がはじめて報告されたのは，1961年のことです。おっしゃる通り，花粉症は1970年代以降，その患者数を年々増やしていっているのです。
日本耳鼻咽喉科免疫アレルギー感染症学会がおこなった調査によると，花粉症の有病率は，1998年では19.6％だったものが，2008年には29.8％，2019年には42.5％と，増加の一途をたどっています。

すごい増え方ですね。10年ごとにほぼ10％ずつ増えていってるじゃないですか。もう，ほぼほぼ2人に1人が花粉症じゃないですか。

その通りです。さらに，ウェザーニューズが2023年12月28日～2024年1月3日におこなったアンケート調査によると，実に**55％**の人が花粉症であると回答しています。

わあ～！　もう国民の半分以上が花粉症なんですね。

そうです。花粉症は今や**国民病**ともいわれているのです。

なぜこんなに花粉症が広まったんでしょうか？

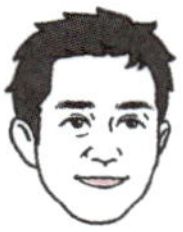

日本は，国土面積の約7割を森林が占めています（2,505万ヘクタール）。実はそのうちの約4割が人工林で，そのうちの7割をスギとヒノキが占めているんです。

森林面積に占めるスギ・ヒノキ人工林の割合

（人工林のうち「スギ」「ヒノキ」「その他」に記載した割合は，人工林面積に占める割合を指す）

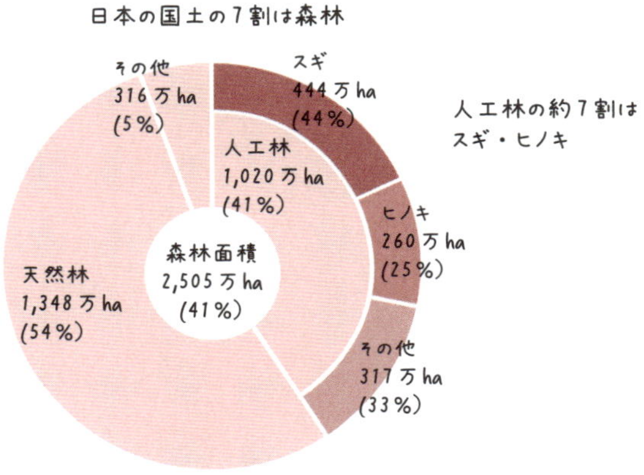

（出典：林野庁「森林資源の現況」：平成29年3月31日現在）

ええっ！　日本って森林のおよそ3分の1がスギとヒノキ，ってことですか。

そうなんです。日本は，太平洋戦時から戦後にかけて，過度な伐採によって，山林が荒れてしまったんですね。その後，高度経済成長をむかえて木材の需要が増えたために，農林水産省の推奨によって，大規模にスギやヒノキの植林がおこなわれたのです。その結果，1970年代から，花粉症の患者数が激増してしまったのです。

そういうことですか……。

特に，成長が速くて加工がしやすいスギは，建材に適していて，北海道の南部から九州にかけて広い地域に植林されていて，現在，その面積はおよそ4万5000平方キロメートルにもおよびます。
こんなに花粉症が増加していても，スギにかわる木材もないので，スギ林の面積は微増傾向にあり，花粉をつくらない「無花粉スギ」の普及なども進められていますが，抜本的な解決には至っていません。

スギ・ヒノキ人工林齢級（森林の年齢）別面積
（出典：林野庁「森林資源の現況」：平成29年3月31日現在）

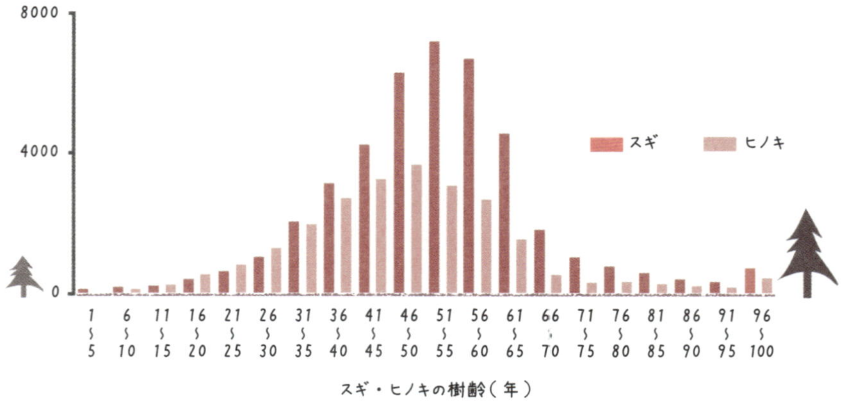

現在，戦後に植えられたスギ・ヒノキが成長し，木材利用に適した時期をむかえている。これらの人工林の伐採を進め，伐採後は花粉の少ない苗木などに植えかえる取り組みが積極的におこなわれている。

なるほど……。当面，花粉症と付き合っていくしかなさそうですね。

さて，スギ花粉は，晴れて気温が高い日や，空気が乾燥し，風が強い日が飛びやすいとされています。また都市部では，昼前後と日没後に特に花粉量が多くなることが知られています。

なぜ昼前後や日没後に花粉量が増えるんですか？

これは，午前中にスギ林から飛びだした花粉が数時間後に都市部に到達するためと，上空に上がった花粉が，日没ごろに地上に落下してくるためだと考えられています。

なるほど。花粉が飛びやすい日や時間帯を知っておけば，予防ができそうですね。

そうですね。現在は，花粉飛散予測を実施する民間事業がたくさんあります。
環境省や林野庁の花芽の発育状況に関するデータや，気象庁による気象データなどを活用し，花粉飛散の予測とともに，花粉量や花粉の飛散しやすい方向なども発信されますので，チェックしてみるとよいでしょう。
（気象庁ホームページ「主な花粉飛散予測実施事業者一覧:
https://www.jma.go.jp/jma/kishou/know/kurashi/kafun.html）

腸は，免疫反応を制御している!?

近年の研究によると，アレルギーの抑制には，**腸**が重要な役割をになっているといいます。

そういえば，近ごろ**腸活**っていう言葉をよく耳にしますね。
でも腸って，食べ物を消化する器官ですよね。それが免疫に関係するって，あまりピンときませんが……。

そうですよね。
腸管では1000種類，数にして100兆個をこえる腸内細菌が，常在菌としてすみついています。また，食べ物は基本的に異物ですから，分解が不十分なまま腸などの組織の中に入ると，免疫反応をおこしてしまう可能性があります。

わー！　腸にはそんなに大量の細菌がいるんですね！
それに対して免疫反応がおきたら大変じゃないですか！
あれ？　そういえばどうして免疫反応がおきてないんですか？

そう，そこです。**実は，このような常在菌や食物に対して免疫反応がおきてしまわないよう，腸内では，免疫反応がおきにくい独自のしくみがはたらいているのです。**
これを**免疫寛容**といいます。

はじめて聞きました。どんなしくみなんですか？

腸管のところどころには，**パイエル板**という丘のような形をした器官があります。
パイエル板では，**M細胞**という細胞を介して，アレルゲンが常に取りこまれているんです。

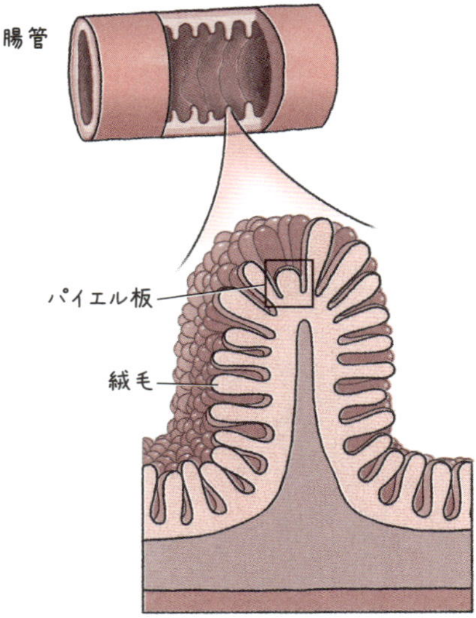

そうなんですか!?

はい。そして，このアレルゲンは樹状細胞に取りこまれ，T細胞に情報が渡されます。これまでにお話ししてきた免疫システムのはたらきから考えると，このT細胞はTh1細胞かTh2細胞へと変化しそうですよね？

そうですね。そうじゃないんですか？

実は腸では，**制御性T細胞**という，Th1細胞やTh2細胞のはたらきをおさえる細胞に変化する場合があるのです。

えっ，すごい！

ここまでお話ししたように，外界と接する部分からアレルゲンが入ると，T細胞はTh2細胞となって，その結果，アレルギー反応がおきますよね。
ところが，**腸がアレルゲンを取りこむと，T細胞は制御性T細胞となって，アレルギーをおさえるのです。**

ポイント！

免疫寛容

自己のタンパク質に対して免疫反応がおきてしまわないように，免疫反応を制御するしくみ。腸では，アレルゲンを取りこむと，T細胞が制御性T細胞へと分化し，常在菌や食物に対して免疫反応がおきないように制御される。

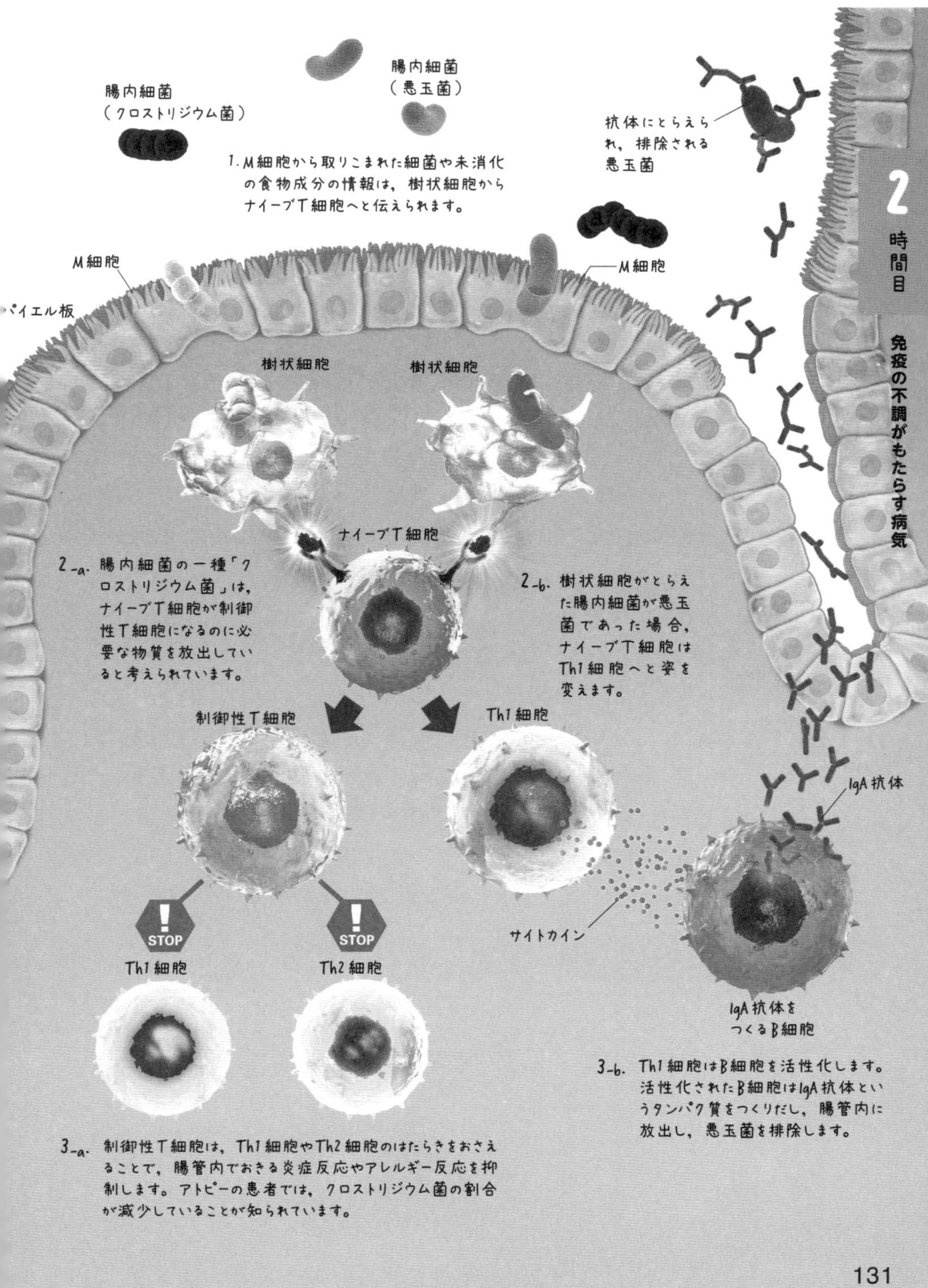
腸内細菌
（クロストリジウム菌）
腸内細菌
（悪玉菌）
1. M細胞から取りこまれた細菌や未消化の食物成分の情報は，樹状細胞からナイーブT細胞へと伝えられます。
抗体にとらえられ，排除される悪玉菌
M細胞
M細胞
パイエル板
樹状細胞
樹状細胞
ナイーブT細胞
2-a. 腸内細菌の一種「クロストリジウム菌」は，ナイーブT細胞が制御性T細胞になるのに必要な物質を放出していると考えられています。
2-b. 樹状細胞がとらえた腸内細菌が悪玉菌であった場合，ナイーブT細胞はTh1細胞へと姿を変えます。
制御性T細胞
Th1細胞
IgA抗体
STOP
STOP
サイトカイン
Th1細胞
Th2細胞
IgA抗体をつくるB細胞
3-b. Th1細胞はB細胞を活性化します。活性化されたB細胞はIgA抗体というタンパク質をつくりだし，腸管内に放出し，悪玉菌を排除します。
3-a. 制御性T細胞は，Th1細胞やTh2細胞のはたらきをおさえることで，腸管内でおきる炎症反応やアレルギー反応を抑制します。アトピーの患者では，クロストリジウム菌の割合が減少していることが知られています。

常在細菌がたくさんいるうえに食べ物という異物が入ってくる腸では，T細胞が免疫反応を制御するようにはたらくというわけですか。本当に，人体ってうまくできてますねぇ……。
でも先生，食物アレルギーの人もいますよね。免疫寛容というしくみがあるのにもかかわらず，なぜ食べ物でアレルギーをおこす人がいるんですか？

食物アレルギーは，免疫寛容がおきないことが発症の一因だと考えられています。
幼児期に，口（腸）から食品成分が入るのではなく，口まわりや手などの皮膚から食品成分が入ることでアレルギーを発症（感作）するのではないか，と考えられています。

確かに，赤ちゃんや幼児は，まだうまく食べられないから，食べ物を口のまわりにくっつけますね。

実際に，食物アレルギーの子どもはアトピー性皮膚炎を発症しているなど，肌荒れの状態にあることが多いといいます。そのため，アトピー性皮膚炎のある乳幼児は，皮膚の状態を良好に保つための保湿ケアが，食物アレルギーの予防にはとても重要なことがわかっています。

自分の体を攻撃する自己免疫疾患

アレルギー以外にも，免疫システムの“暴走”がもたらす疾患があります。それは1型糖尿病や関節リウマチといった**自己免疫疾患**です。**自己免疫疾患とは，自分の体をつくっているタンパク質に対して免疫反応がおきてしまうことで生じる病気です。**

自分で自分の体を攻撃しちゃうってことですよね。なぜそんなことがおきてしまうんでしょう。

そもそも，免疫システムの司令塔であるT細胞が，どのようにして自己と非自己を見分けることができるのかについて見ていきましょう。
T細胞のもととなる細胞は，骨髄にある造血管細胞が分化して胸腺へと移動し，胸腺で成熟するとお話ししました。胸腺はT細胞を厳しく“選別”し，自己と非自己を見分けられるものだけを全身へ送りだす役割をもっています。

胸腺は，T細胞の“学校”みたいなところですよね。

そんな感じですね。さて，前にもお話ししましたが，細胞は受容体をもっています。受容体は“手”のようなもので，T細胞もまた，樹状細胞などのほかの細胞からの情報を，その“手”で受け取ります。

ふむふむ。

胸腺を構成する細胞もまた“手”をもっています。そして，細胞の表面に，体中のさまざまな臓器のタンパク質を突きだした状態になっているんですね。そのため，胸腺のT細胞は，胸腺の内部を通るあいだに，さまざまなタンパク質と自分の“手”とが触れることになります。
このとき，胸腺のタンパク質とT細胞の“手”が強く結合した場合，いいかえると「自己の体にあるタンパク質にT細胞が強く反応した」場合，胸腺からある刺激が出され，このT細胞は自発的に死んでいくのです。

へえぇ～！　胸腺での厳しい選別って，そうやっておこなわれていたんですね。

よくできているでしょう。このような，胸腺内のタンパク質と強く結合してしまうT細胞は，**自己反応性T細胞**（自己に反応するT細胞）といいます。自己反応性T細胞は，自己を攻撃してしまう危険性があるため，完全に除去されなくてはなりません。このような選別を経て，最終的にもとの細胞の5％程度が生き残り，胸腺を巣立っていきます。

精鋭中の精鋭ということでしたよね。でもそうだとすると，なぜ自己を攻撃するようなことがおきてしまうのかが，ますます謎です。

そうですよね。しかしですね，**実は，自己反応性T細胞は完全に取り除かれるわけではなく，一部の自己反応性T細胞が排除されずに，体の末梢に運ばれてしまうのです。**

そうなんですか!?

はい。しかし，免疫は，抗原を攻撃するほかに，免疫反応を制御するしくみももっています。通常は，自己反応性T細胞のはたらきは抑制されて，自己を攻撃することはありません。
近年の研究により，抗原を攻撃する役割をになうヘルパーT細胞とキラーT細胞とは別に，免疫反応を制御する役割をになう**制御性T細胞**が存在していることがわかっています。

腸内の「免疫寛容」のようなしくみがはたらいているんですね。攻撃するだけではなくて，免疫って，さまざまなバランスをとりながらはたらいているんですね。

そうなんです。
ところが，さまざまなきっかけでこの自己反応性T細胞が活性化されることで，自己免疫疾患が引きおこされてしまうのです。

ポイント！

自己反応性T細胞……胸腺内のタンパク質と強く結合してしまう。胸腺内で排除される。

制御性T細胞……ヘルパーT細胞，キラーT細胞とは別に，免疫反応を制御する役割をになう。

たとえば，どんなことがきっかけになるんでしょう？

まず一つは，**病原体のタンパク質の一部（抗原）が自己の成分とよく似ている場合です。**
その一つに，発熱やのどの痛みをもたらす**溶血性レンサ球菌**という細菌があります。
たとえば，溶血性レンサ球菌に感染するとします。すると，通常の免疫反応によって，この細菌の抗原を認識するT細胞が活性化され，細菌を攻撃するように司令を出しますよね。

ふむふむ，そうですね。

ところが，溶血性レンサ球菌がもつある種のタンパク質は，心臓の拍動をおこなう心筋細胞にある**ミオシン**というタンパク質と構造が似ているという特徴があります。
そのため，免疫細胞は，溶血性レンサ球菌だけでなく，誤って心筋細胞をも攻撃してしまい，その結果，心筋組織が炎症をおこしてしまうのです。これが，**リウマチ熱**という病気です。

そんなことがあるんですね。

また，**樹状細胞が自己の細胞をあやまって取りこむことによって，自己免疫疾患が引きおこされることもあります。**樹状細胞は病原体を取りこむと活性化され，T細胞にその情報を渡し，T細胞を活性化しますよね。

しかし実際のところ，樹状細胞は，病原体だけを取りこむという器用なことはできず，正常な細胞の死がいも同時に取りこんでしまうことがあるのです。
その結果，自己反応性T細胞が活性化してしまい，自己免疫疾患を引きおこしてしまいます。

樹状細胞がまちがえることもあるのか……。

自己免疫疾患を発症するメカニズム

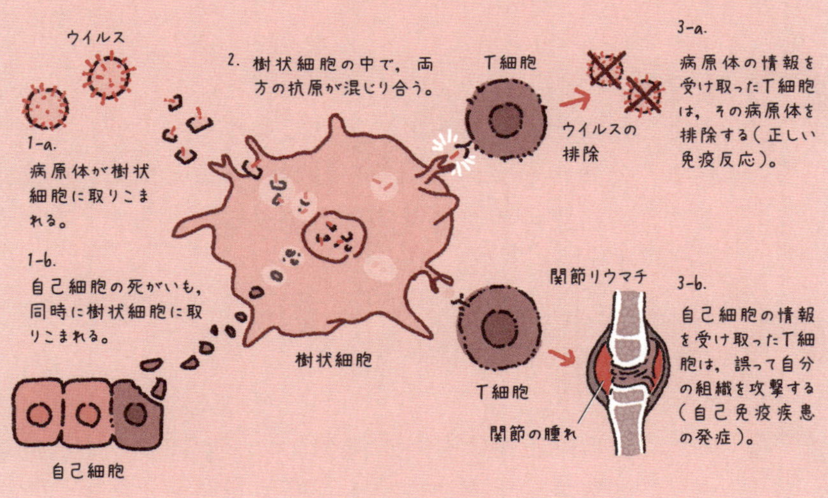

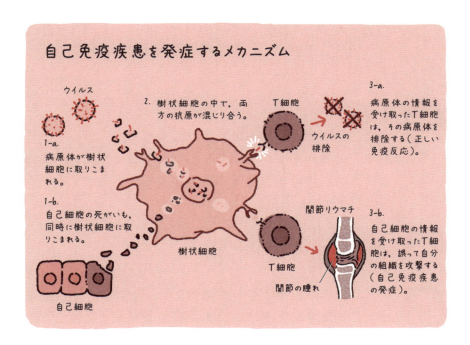

そうなんですよ。また，冒頭の**関節リウマチ**は，**関節包**（関節を包んで保護している袋状の膜）の内側の**滑膜**という部位で自己免疫の異常がおきることで発症します。原因はまだ解明されていませんが，滑膜の細胞を攻撃する反応がおきてしまうことで炎症がおき，放置しておくと炎症が悪化して，関節が変形してしまうのです。

こわいですね……。
アレルギーも自己免疫疾患も，本来は攻撃しなくてもよいものに対して免疫がはたらいてしまうことで，免疫細胞のはたらきのバランスが崩れて発症してしまうわけですね。

その通りです。
また，先ほど，花粉症患者だけではなく，アレルギーをもつ人の割合が増えているとお話ししましたね。同じように，自己免疫疾患の有病率も高まっていることがわかっています。

そうなんですか！

また，発展途上国よりも先進国でのアレルギーの有病率が高く，発展途上国の中でも，経済が発展するにしたがって，アレルギーの有病率が高くなっていくこともわかっています。免疫システムの誤作動によっておきる病気は，**文明病**ともいえるでしょう。

ポイント！

自己免疫疾患

自分の体をつくっているタンパク質に対して免疫反応がおきてしまうことで生じる病気。

代表的な自己免疫疾患

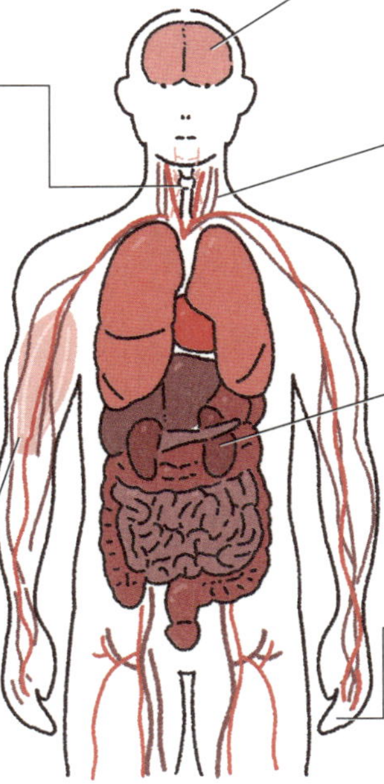

全身性エリテマトーデス
自分のDNAに対して免疫細胞が反応してしまうことで，全身に炎症反応がおきる。

バセドウ病
免疫細胞が甲状腺を誤って強く刺激するために，甲状腺ホルモンが必要以上につくられてしまう。

橋本病
免疫細胞によって甲状腺が攻撃され，甲状腺のはたらきが低下する。

重症筋無力症
神経組織と筋肉の接合部が免疫細胞によって攻撃されることで，神経からの刺激が筋肉に伝わりづらくなる。

円形脱毛症
免疫細胞が，毛根組織を誤って攻撃することで脱毛症がおきる。

多発性硬化症
免疫細胞によって神経細胞を包む「ミエリン」という構造が攻撃されることで神経伝達に異常がおきる。

1型糖尿病
インスリンをつくる膵臓のβ細胞が免疫細胞によって攻撃されることで，血糖値が常に高い状態になってしまう。

関節リウマチ
免疫細胞が，骨と骨が連結する部分である関節を攻撃することで，関節痛や手足の関節の変形がおきる。

主な自己免疫疾患と，その病態を示しました。自己免疫疾患は，全身のあらゆる臓器で発症する可能性があります。

アレルギーや自己免疫疾患が増えているのはなぜ

うーん。先生，なぜ，アレルギーや自己免疫疾患は，先進国で増え続けているのでしょうか？

現在，花粉症については，かなり研究が進んでいます。まず，ただの花粉よりも“都会の花粉”のほうが花粉症の症状を悪化させるということがわかっています。

都会の花粉!?
花粉にも都会と田舎があるっていうんですか。

そうなんですよ。“都会の花粉”は単なる花粉ではありません。“都会の花粉”とよばれるものには，排ガスに含まれる**ディーゼル粉塵**が付着しているのです。

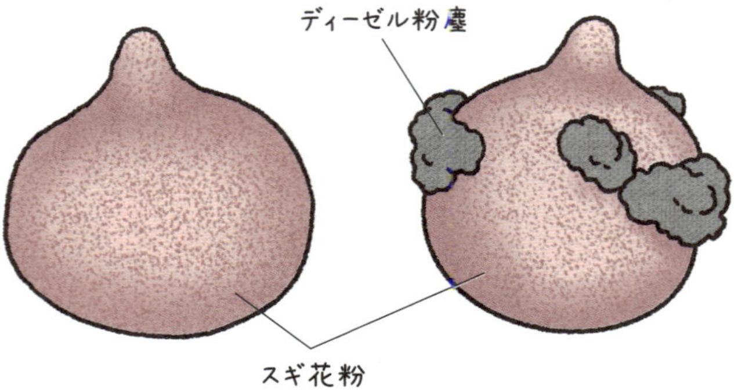

なるほど，都会の花粉とは，排ガスなどの人工的な化学物質がくっついた花粉ということですか。

そうです。マウスを用いた研究によると，ディーゼル粉塵を花粉と一緒に与えると，与えない場合にくらべて，花粉症の症状をもたらす免疫細胞の数が7～8倍に増えるといいます。
つまり，**ディーゼル粉塵や，そこに付着しているさまざまな化学物質が免疫細胞を活性化することで，アレルギー反応がおきやすくなっていると考えられるのです。**

なるほど……。花粉症って，大気汚染の問題とも密接にかかわっているといわれていますが，そういうことなんですね。

そうです。また，先ほどお話しした「衛生仮説」についても，近年研究が進んでいます。
衛星仮説では，Th1細胞とTh2細胞のバランスが重要であるとされます。ただし，これはアレルギーの増加は説明できますが，自己免疫疾患の患者数の増加を説明することは困難でした。

そうですよね。

しかし最近の研究では，清潔すぎる環境によって腸内細菌の数や種類が変化することで，アレルギーや自己免疫疾患の患者数が増えているのではないかと考えられているのです。

つまり，免疫システムのコントロールは，Th1細胞とTh2細胞のバランスに加えて，腸管でおきる免疫寛容も重要だというのです。

腸の免疫寛容が，どう関係するんですか？

たとえば，外部環境の変化によって腸内細菌のバランスが崩れることで，自己免疫疾患の一つである多発性硬化症という病気が引きおこされたり，ある種の腸内細菌が出した物質によって関節リウマチが引きおこされたりするということが最近わかってきたのです。

関節リウマチは，先ほど原因がわかっていないということでしたけど，腸内の免疫寛容が関係しているかもしれないんですね！
現代は清潔で便利になったけれど，そのかわりに私たちは，アレルギーや自己免疫疾患に苦しめられるようになったのかもしれませんね。

STEP 2

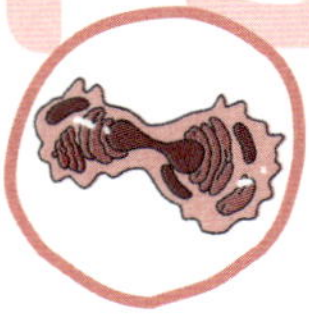

免疫にブレーキをかける「がん」

現在，国民の２人に１人が，「がん」を発症するといわれています。そこでこの治療に，免疫システムが利用されています。そのしくみはどのようなものなのでしょう。

免疫を利用して，がんを治療するがん免疫療法

先ほどは免疫の“エラー”によるさまざまな疾患についてお話ししましたが，免疫は**がん**とも深い関係があります。実は私たちの体では毎日のようにがん細胞が生まれていますが，通常であれば免疫によって取り除かれてしまいます。しかしがん細胞が免疫からすり抜けると，どんどん増殖してがんを発症してしまいます。

がんは免疫をすり抜けちゃうんですか!?

そうなんですよ。**そして現在，この免疫システムを使ってがんを治療しようとする動きがあるのです。**
現在，日本人の２人に１人が，何らかのがんにかかるといわれています。STEP2では，「がん」と免疫システムとのかかわりについて見ていきましょう。

がんの治療にまで免疫のしくみを使うなんて驚きです。

そもそも「がん」とは，私たちの体を構成している細胞の遺伝子に傷がつき，まわりの細胞との協調性をなくして，無秩序に増殖するようになってしまう病気です。
ですから，「がん細胞」というものは，外から入ってきた異物ではなくて，もともとは自分の細胞ということなんですね。

ふむふむ。

がんの治療法は，**外科治療**，**放射線治療**，**抗がん剤治療**の三つが，標準治療としておこなわれています。
しかし，すべての患者さんが完治したり，寛解（病状が一時的に治まる状態）できるわけではありません。また，がんの種類によっては根治がむずかしい場合もあり，現在も新たな治療法の研究が続けられています。
その中で，“第4のがん治療”として注目されているのが**がん免疫療法**なのです。

免疫療法は，最新の治療法ということですか？

そうですね。といっても，実は免疫療法のはじまりは古く，19世紀後半にまでさかのぼります。
アメリカの外科医**ウィリアム・コーリー**（1862〜1936）はある日，細菌に感染したがん患者のがん組織が小さくなっていることに気づきました。
そしてこの現象は，細菌の感染によって免疫系が活性化したことで，がん細胞もあわせて排除されたためだと考えられたのです。

免疫システムがはたらいたんですね！

そうです。この現象にヒントを得て，コーリーは，細菌成分を意図的にがん患者に投与する**免疫賦活療法**を開始しました。しかし，コーリーによる免疫賦活療法は，効果が見られた例もあったようですが，誰にでも効くものではありませんでした。

残念ですね……。

しかしその後，免疫学の発展とともに，いろいろな免疫療法が考えだされていくことになったのです。
1980年ごろには，免疫細胞を体外に取りだし，活性化させてからもう一度体内に戻す**養子免疫療法**がはじまりました。そして1990年ごろになると，免疫のはたらきを高める薬を体内に入れて免疫を活性化させる免疫賦活療法や**がんワクチン**が開発されました。
また，2005年には，がん細胞による免疫細胞の“ブレーキ”を解除して攻撃力を保持する**免疫チェックポイント阻害療法**も登場しています。

すごいですね。こんなにたくさんの免疫療法が開発されていたなんて，知りませんでした。

そうなんですよ。これまで外科治療がむずかしいとされていた進行がんが，免疫療法によって寛解した例があるなど，免疫治療法の中には非常に期待がもてるものもあります。

がん免疫療法の歴史

免疫賦活療法（1900年ごろ〜）

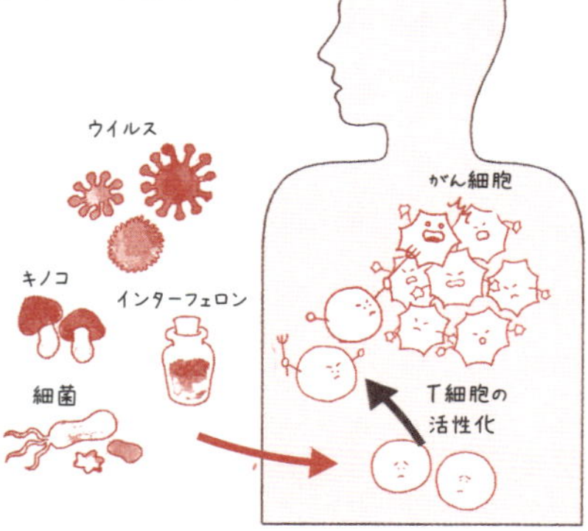

弱毒化した細菌やウイルスなどを体内に入れると，免疫系のはたらきが活性化される場合がある。それに合わせて，がん細胞の排除も進むと考えられている。

現在，抗がん剤の効果を高めるために，溶連菌を無毒化した物質「ピシバニール」や，シイタケから抽出した物質「レンチナン」，免疫系のはたらきを調整するタンパク質「インターフェロン」，「インターロイキン2」といった薬物に保険適用の認可が下りている。

がんワクチン療法（1990年ごろ〜）

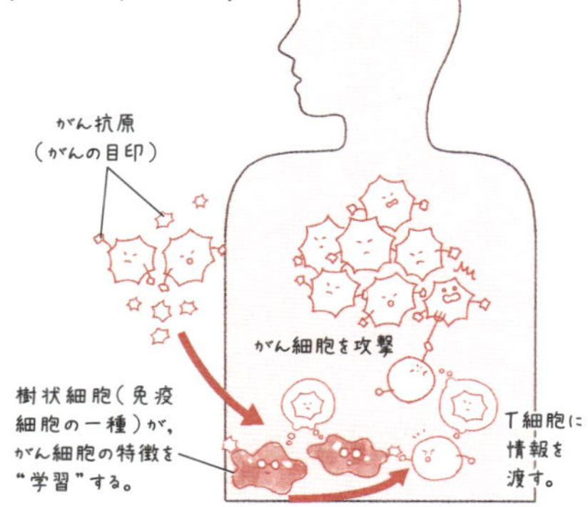

免疫細胞は，がん細胞の表面につきだしている「がん抗原」を認識することで，がん細胞を排除する。「がんワクチン療法」では，がん抗原そのものや，がん抗原を乗せた樹状細胞，がん抗原をもつがん細胞を加工したものなどを体内に戻すことで，体内の免疫細胞ががん細胞の特徴を“学習”し，効率的に攻撃できるようになる。

まだ保険適用の認可は下りていないものの，ある種のがんワクチン療法は，厚生労働省による「先進医療」に選ばれ，研究が進められている。

養子免疫療法（1980年ごろ〜）

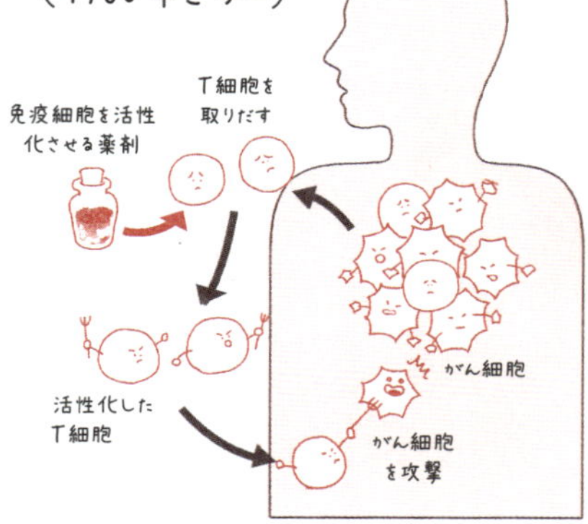

がん組織を顕微鏡で観察すると，がん組織の中に免疫細胞が入りこんでいるのを確認できる。この免疫細胞を体外に取りだし，増殖・活性化させたうえで患者に戻すと，がん細胞を効率的に攻撃するようになると考えられている。

現在は，取りだした免疫細胞の培養法などの改良が重ねられ，症例によっては完治に近い効果が見られることもあるが，保険適用の認可はまだ下りていない。遺伝子改変によって，人工的に作製したT細胞を用いる治療の研究も進んでいる。

免疫チェックポイント阻害療法（2005年ごろ〜）

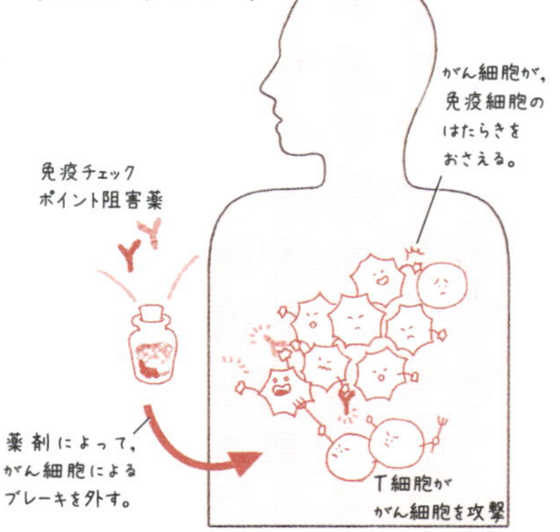

免疫系は，免疫反応をおさえるための“ブレーキ”をもっている。がん細胞は勝手にこのブレーキを踏むことで，自分への攻撃を防ぐ。免疫チェックポイント阻害薬は，がん細胞がブレーキを踏もうとするのを防ぐことで，免疫細胞にがん細胞への攻撃を再開させる効果をもつ。保険適用の認可が下りている。

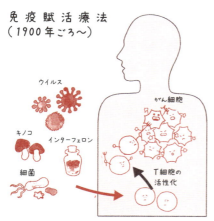

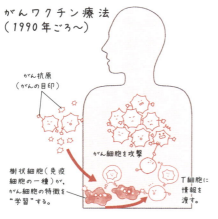

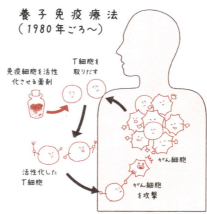

一方，**治療効果がいまだ確定的でないものも多く，さらに大半の免疫療法については，まだ医療保険が適用されていないことにも注意が必要です。**

なるほど……。治療法としては，まだ発展途上の段階なんですね。

細胞のがん化は免疫によって防がれている

先生，免疫療法は基本的には，体内で発生したがん細胞を免疫システムを利用して排除する，ということなんですか？

そうですね。ではまず，そもそもなぜがん細胞が生まれるのか，というところからお話ししましょう。
先ほど，「がんとは細胞の遺伝子に傷がつき，無秩序に増殖するようになってしまう病気」だとお話ししました。
がん細胞が無秩序に分裂・増殖してしまうのは，タバコや紫外線，ウイルス，活性酸素などによってDNAに傷が入ったり，DNAの複製エラーがおきたりすることで，細胞分裂を正しく制御することができなくなってしまったためです。

ふむふむ。

一方，私たちの体には，このようながん化した異常細胞を排除し，がん組織が大きくならないように対抗する三つの防御システムが備わっています。

まず一つ目が，**DNAの修復**です。
細胞内では，「DNA修復酵素」とよばれる，傷ついたDNAを修復するタンパク質がはたらいており，正常細胞ががん化することを防いでいるのです。

DNA修復機構

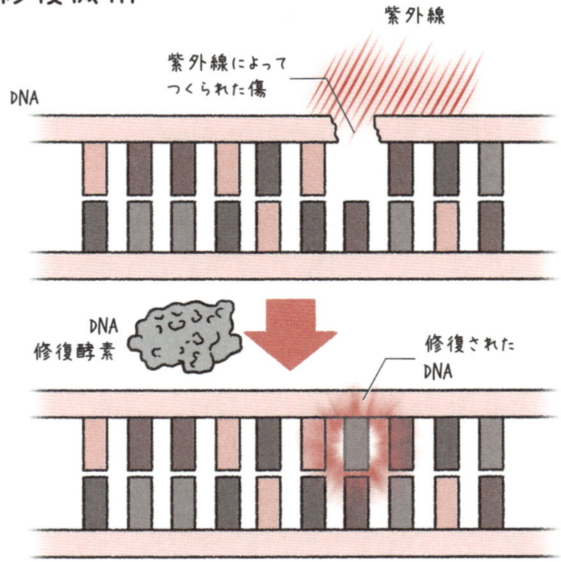

DNAの複製ミスや紫外線などによって，日々，DNAには傷が生じています。細胞内には，「DNA修復酵素」とよばれるタンパク質が多くはたらいており，この傷を修復することで，正常細胞ががん化することを防いでいます。

がん細胞にならないように，傷ついたDNAを修復しているなんて，すごい……。

二つ目が，異常細胞がみずから死滅する**アポトーシス**です。DNAの修復システムでは治せず，がん化してしまった細胞は，みずから消滅していくのです。

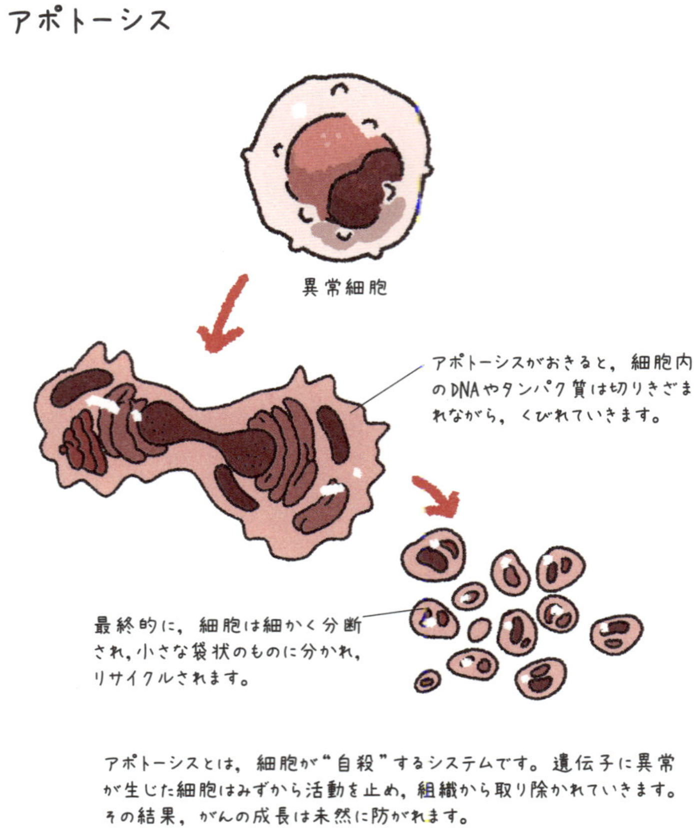

アポトーシス
異常細胞
アポトーシスがおきると，細胞内のDNAやタンパク質は切りきざまれながら，くびれていきます。
最終的に，細胞は細かく分断され，小さな袋状のものに分かれ，リサイクルされます。
アポトーシスとは，細胞が“自殺”するシステムです。遺伝子に異常が生じた細胞はみずから活動を止め，組織から取り除かれていきます。その結果，がんの成長は未然に防がれます。

がん化してしまうと，自分で自分を排除するなんて，これもよくできた機能ですね……。

そして，この二つの防御システムをかいくぐったがん細胞の前に立ちふさがるのが，三つ目の**免疫系**です。

やっぱり最後の砦は免疫系ですね！
でも，がん細胞は，もともと自己の細胞でもありますよね。鉄壁の防御システムをかいくぐってきたぐらいですから，がん細胞と正常な細胞とでは，見分けがつきにくいのではないですか。

そうですね。しかしがん細胞はDNAに傷があるため，その傷ついたDNAからつくられるタンパク質は，正常細胞にはない，独特なものになります。
このようなタンパク質は，「新しくできた」という意味で**ネオ抗原**とよばれ，免疫の標的となるがん抗原の中でも重要なものになるのです。

なるほど，「何か，ちょっと変なのがいるぞ」という感じになるわけですね。

そうです。こうして，ネオ抗原を異物とみなし，免疫反応がおきるというわけです。

私たちの体の中では，実は日々，がん細胞が排除されているんですね。だから，免疫反応をより活発にさせたり，免疫システムをうまく利用するという治療方法が注目されているというわけなんですね。

がん細胞は，免疫のブレーキを踏む

先生，一つ気になるのですが……。これだけ日々がん細胞が排除されるというのなら，なぜ多くの方ががんで亡くなるんでしょうか？

よいところに気がつきましたね。
これは，先ほどあなたがおっしゃったように，そもそもの問題は，がん細胞が，細菌やウイルスといった外部から侵入してくる異物ではなくもともとは私たちの体の細胞であったという点です。
あなたが指摘されたように，**がん細胞の構成成分は正常細胞とほとんど変わらず，免疫系が正常細胞とがん細胞を見分けることは，基本的に非常にむずかしいのです。**

やっぱり，見分けがつきにくいんですね。

そうなんです。さらに，がん細胞は免疫系からたくみに逃れる"戦略"を多く実行しているのです。
たとえば，免疫系は，免疫反応をしずめるための **"ブレーキ"** をもっています。
体内に病原体が侵入し，T細胞に情報がわたると，活性化して攻撃のスイッチが入ります。そして，攻撃が終了すると，正常な組織を攻撃することがないよう，ブレーキがかかって，攻撃は沈静化するのです。風邪をひいても，数日で熱が下がるのは，この免疫系のブレーキのおかげなのです。

攻撃の「アクセル」だけじゃなく，「ブレーキ」の機能ももっているんですね。

そうなんです。
たとえば，樹状細胞の表面には**B7**というタンパク質があります。樹状細胞がT細胞に情報を伝えるとき，B7がT細胞の表面にあるどのタンパク質と結合するかで，アクセルを踏むのか，ブレーキを踏むのかが分かれるのです。
もし，T細胞上の**CD28**というタンパク質と結合すると，アクセルが踏まれて，T細胞は活性化します。
しかし，**CTLA-4**というタンパク質と結合するとブレーキとなり，T細胞のはたらきが抑制されます。CTLA-4の数は，T細胞が活性化するほど増えるため，T細胞が過剰に反応できないようになっているのです。

へええ……。面白いですね。

さて，免疫系のブレーキに作用するタンパク質はほかにもあります。その一つが，キラーT細胞の表面にある**PD-1**というタンパク質です。
PD-1に特定のタンパク質が結合することで，キラーT細胞にブレーキがかかり，攻撃がおさまっていきます。

キラーT細胞って，病原体に取りついてアポトーシスを引きおこさせる細胞でしたよね。そのはたらきを止めるわけですね。

その通りです。

免疫系は“アクセル”と“ブレーキ”の両方を備えている

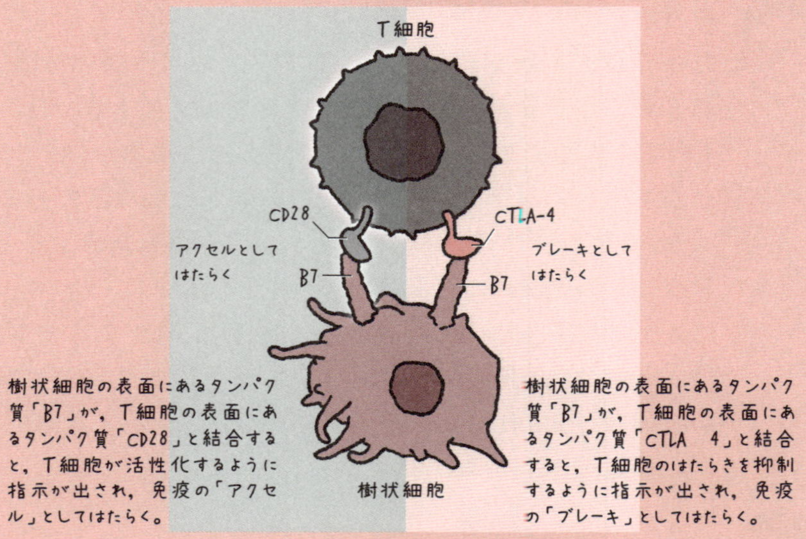

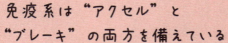

PD-1は正常な免疫反応に必要不可欠なタンパク質です。**ところが，がん細胞はこのしくみを悪用し，勝手にブレーキを踏んでしまうのです。その結果，がん細胞はキラーT細胞からの攻撃を免れてしまうのです。**

そんな！
がん細胞は一体どうやってブレーキを踏むんですか？

まず，先ほどお話ししたように，キラーT細胞も，PD-1に特定のタンパク質が結合することでブレーキがかかります。“鍵”と“鍵穴”のように，PD-1とペアになる物質が存在しているわけですね。

なるほど。樹状細胞のB7とT細胞のCTLA-4 みたいなことですね。PD-1に結合する物質は，どの免疫細胞がもっているんですか？

なんと，**がん細胞が，PD-1 に結合できる物質をもっているのです。**

ええっ！

がん細胞は，PD-1のペアとなるタンパク質**PD-L1**をもっていて，これを細胞の表面に出しているんです。そして，PD-1と結合してしまうんですね。
その結果，キラーT細胞は攻撃をやめてしまい，がん細胞は攻撃から逃れてしまうのです。

うわ……。がん細胞は，あの鉄壁の防衛機構を攻略してしまうわけですか。

そうです。また，近年の研究によると，PD-L1はがん細胞が勝手に出す場合と，キラーT細胞が出す物質に誘いだされる場合があることがわかっています。
キラーT細胞は，がん細胞を認識すると**インターフェロン・ガンマ（IFN－γ）**という物質を出します。これが，がん細胞の表面にあるPD-L1を誘いだしているようなのです。

がん細胞は，免疫システムをかいくぐり，そのうえ免疫細胞の活性を奪うこともできてしまうんですね。しかも，それを免疫細胞が誘発しているかもしれないという……。

あらためてがんのこわさがわかった気がします。
本来の免疫系の力にはたらきかける「免疫療法」は，すごく理にかなってる治療法なんですね。

そうですね。現在は，こうした，免疫系のブレーキに作用するタンパク質にアプローチする方法など，さまざまな免疫治療の研究が進められているのです。

免疫のブレーキを先回りしてブロック！

先生，何とかしてがん細胞の戦略を打ち破ることはできないものでしょうか。

そうですね。そこで現在世界中で注目されているのが，**免疫チェックポイント阻害薬**という薬剤です。

免疫チェックポイント阻害薬？

はい。キラーT細胞には「PD-1」というブレーキが存在するとお話ししました。また，T細胞も，「CTLA-4」という，ブレーキとなるタンパク質をもっています。

樹状細胞の「B7」と結合するんでしたよね。
T細胞が活性化するにしたがってCTLA-4の数も増えて，それでT 細胞を沈静化するということでした。

その通りです。

このように，免疫細胞上の分子がはたらいてブレーキがかかることを**免疫チェックポイント**といいます。
「免疫チェックポイント阻害薬」とは，免疫細胞にブレーキがかかることを阻害する薬なんですね。
免疫チェックポイント阻害薬は，PD-1 やCTLA-4 を対象とした**抗体**です。**つまり，PD-1 やCTLA-4 を抗体で包囲することで“鍵穴”をブロックし，樹状細胞やがん細胞が結合できなくしてしまうわけです。**

すごい！

PD-1が免疫細胞を制御するしくみを解明したのは，京都大学名誉教授**本庶佑博士**（1942〜）です。また，CTLA-4は，テキサス州立大学MDアンダーソンがんセンター教授**ジェームズ・P・アリソン博士**（1948〜）によって，発見されました。これらの，免疫細胞のブレーキとなる分子の発見と，そのしくみの解明が，免疫チェックポイント阻害薬による免疫治療法の開発につながったのです。
本庶佑博士とジェームズ・P・アリソン博士は，この業績によって，ともに2018年のノーベル生理学・医学賞を受賞しています。

がん治療の未来を拓いた発見だったんですね。

そうですね。2014年には，世界初となるPD-1を対象とする免疫チェックポイント阻害薬**オプシーボ**（抗PD-1抗体）が，日本で承認されました。

免疫チェックポイント阻害薬の投与前
（免疫系にブレーキがかかっている）

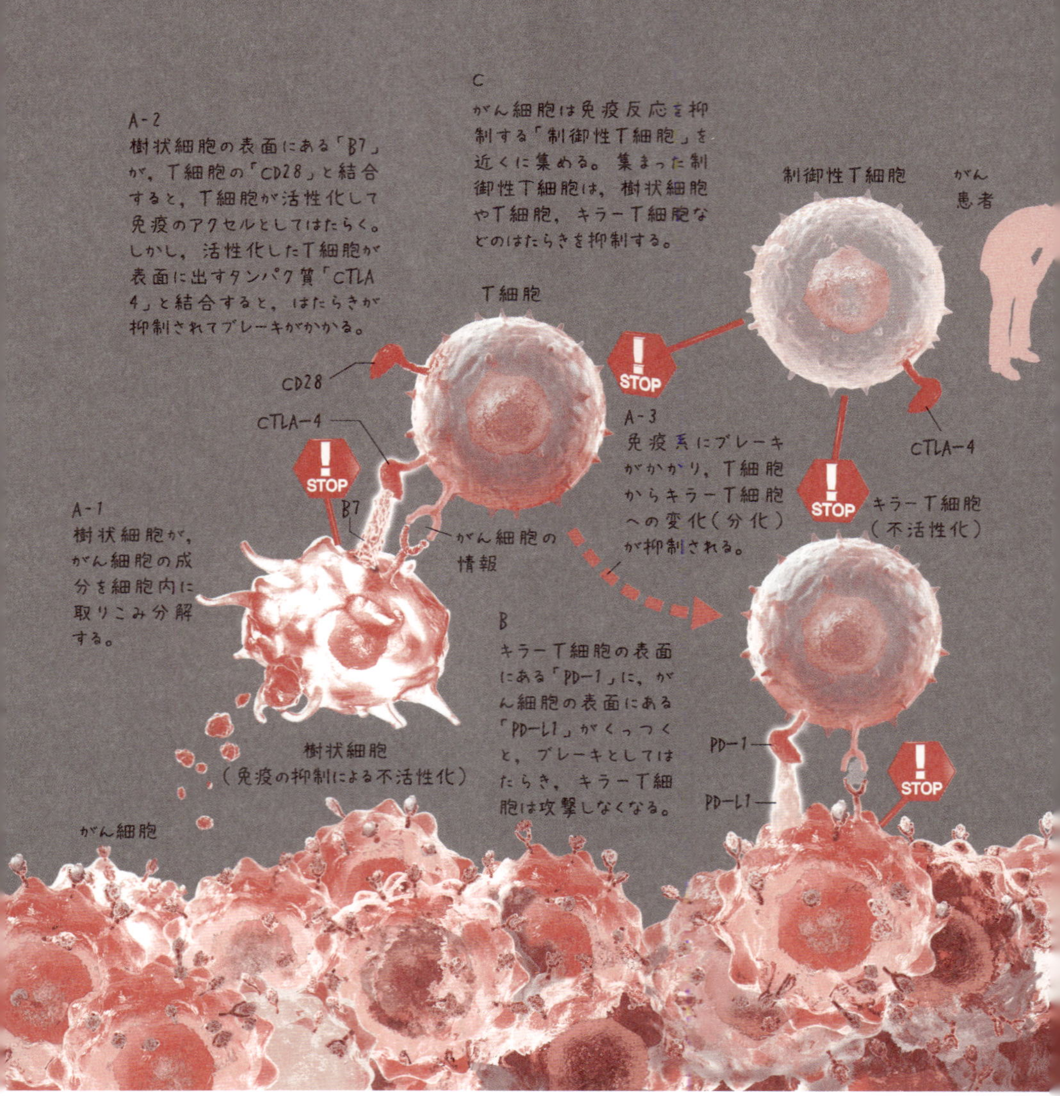

A-2
樹状細胞の表面にある「B7」が，T細胞の「CD28」と結合すると，T細胞が活性化して免疫のアクセルとしてはたらく。しかし，活性化したT細胞が表面に出すタンパク質「CTLA-4」と結合すると，はたらきが抑制されてブレーキがかかる。
C
がん細胞は免疫反応を抑制する「制御性T細胞」を近くに集める。集まった制御性T細胞は，樹状細胞やT細胞，キラーT細胞などのはたらきを抑制する。
制御性T細胞
がん患者
T細胞
STOP
CD28
CTLA-4
A-3
免疫系にブレーキがかかり，T細胞からキラーT細胞への変化（分化）が抑制される。
CTLA-4
A-1
樹状細胞が，がん細胞の成分を細胞内に取りこみ分解する。
B7
がん細胞の情報
キラーT細胞
（不活性化）
B
キラーT細胞の表面にある「PD-1」に，がん細胞の表面にある「PD-L1」がくっつくと，ブレーキとしてはたらき，キラーT細胞は攻撃しなくなる。
樹状細胞
（免疫の抑制による不活性化）
PD-1
PD-L1
がん細胞

免疫チェックポイント阻害薬の投与後
（免疫系のブレーキがはずれている）

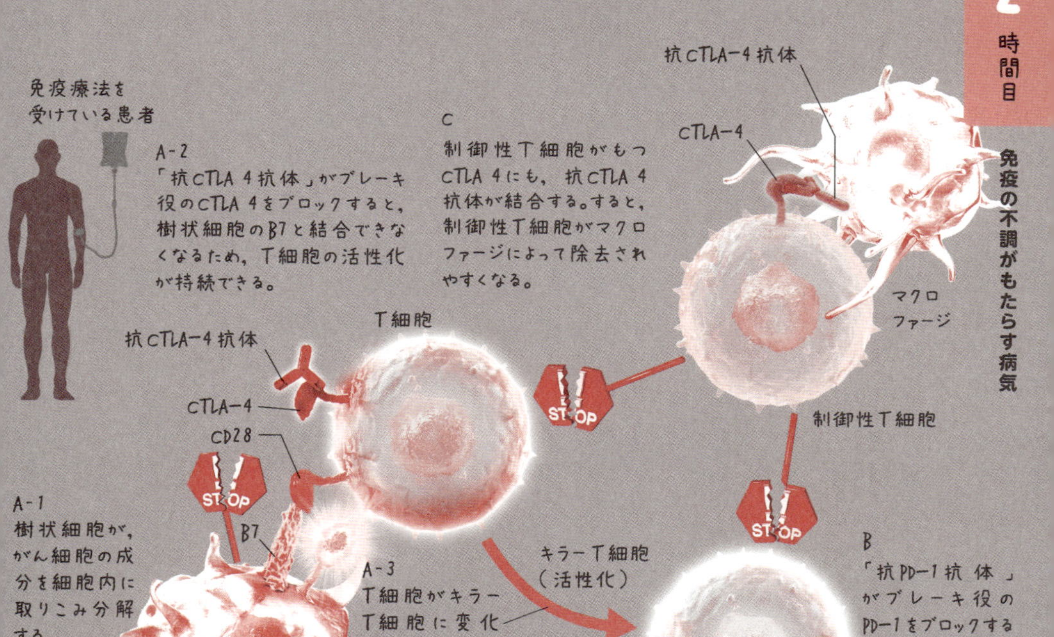

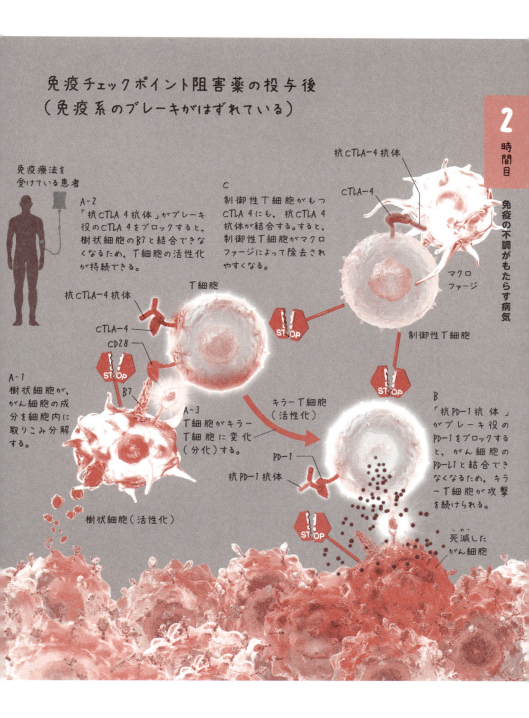

その前の2011年には，CTLA-4を対象とした**ヤーボイ**（抗CTLA-4 抗体）がアメリで承認を得ており，抗PD-1抗体と抗CTLA-4 抗体を併用することで，**悪性黒色腫（メラノーマ）**という難治性の皮膚がんの患者さんのうち約半数に，劇的に治療効果がみられることもわかりました。

素晴らしい治療効果ですね！

でも，逆にいうと，まだ半数の患者さんには効果が見こめないということでもあります。このことは，がん細胞が免疫攻撃から逃れる戦略が，PD-1 やCTLA-4を標的とするものだけではないことも示唆しているといいます。

でも……，免疫チェックポイント阻害薬は，かなり期待できそうな治療薬ではないですか。

そうですね。現在，PD-1とCTLA-4に，PD-L1を加えた3種類の分子を対象とした免疫チェックポイント阻害薬が各国で開発・販売されていて，日本では6種類が使用可能となっています（2024年3月：厚生労働省）。

わずか10年で，そんなに増えたんですね！

そうですね。また，治療可能ながんも，当初は悪性黒色腫（メラノーマ）だけでしたが，現在は肺がんや腎細胞がんなど，種類も増えてきています。研究も進められていて，治療可能ながんの種類はさらに広がるでしょう。

がん治療に希望がもてますね！　昔は「不治の病」なんていわれていましたけど，今後は変わっていきそうですね。

そうですね。しかし，免疫チェックポイント阻害薬は，いわば免疫系のブレーキをはずす治療法ですから，免疫系が暴走して臓器に障害がおこるなど，自己免疫障害に注意が必要とされています。

また，がんの状態や，免疫細胞の量などは，個人差があります。したがって，すべての患者さんに一律に効果が出るとは限りません。そのため，患者さんそれぞれの状態に応じた薬剤を投与するといった個別の治療法がより効果的であると考えられています。

偉人伝❹

血清療法を確立した

エミール・ベーリング

血清が毒素を破壊することを発見

エミール・ベーリングは，1854年にプロイセン王国（ドイツ）のハンスドルフで生まれました。実家が貧しかったことから，学費がかからない軍の医学学校に入学して軍医となり，のちに軍医学校の教官にもなっています。

軍務を終えたベーリングは，陸軍医科大学講師となり，予防医学を進める軍幹部の方針にしたがって，ベルリン大学のロベルト・コッホに師事します。当時のコッホのもとには，その後世界をリードする研究者たちが集まっていました。

1890年，ベーリングは日本からやってきた北里柴三郎と協力して，「ジフテリア菌や破傷風に対して免疫をもったウサギやモルモットの血清が，それぞれの菌の出す毒素を破壊する抗毒素をもつ」ことを示しました。血清とは，血液が凝固したときの上澄み部分で，血液の液体部分から一部のタンパク質をのぞいた部分です。ベーリングと北里の研究は，その後の血清を使う免疫療法の基礎となりました。

当時はそのくわしいしくみは解明されていませんでしたが，ベーリングの方法では，まず細菌を動物に感染させて抗体をつくらせ，その抗体が含まれた血清をヒトに注射していました。

第1回のノーベル医学・生理学賞を受賞

1890年12月，ベーリングは北里と連名で「破傷風抗毒素血清」の論文を発表しました。その後，ベーリング単独でジフテリアの血清療法を発表し，1891年には，ジフテリアによる瀕死の子どもたちに血清抗毒素を接種し，多くの子どもたちを助けました。そして1892年には，ジフテリア抗毒素は市販されて，3年間に2万人の子どもたちが注射を受けたといわれています。

1901年，スウェーデンの化学者アルフレッド・ノーベル（1833～1896）により，人類に貢献した研究者を称える「ノーベル賞」が創設されました。そしてジフテリアを治療する血清をつくった功績により，ベーリングは，第1回ノーベル生理学・医学賞を単独で受賞したのです。これは，ベーリングを指導したコッホよりも先の受賞となりました。

ベーリングは第一次世界大戦のさなか，1917年に63歳でこの世を去りましたが，彼の確立した血清療法は，今も多くの人々の命を救っています。

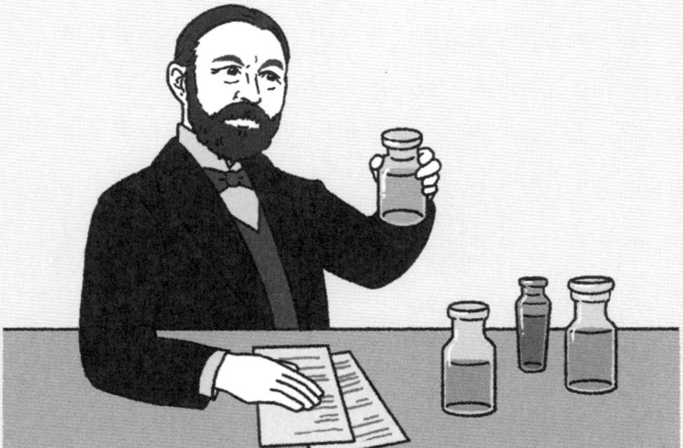

3

時間目

体を脅かす病原体

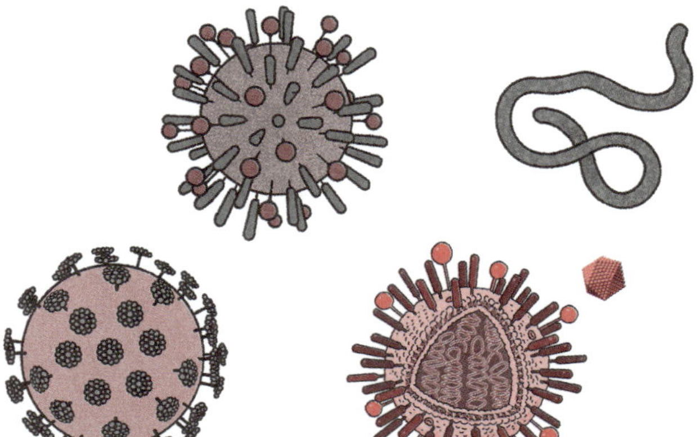

STEP 1

ウイルスと免疫との攻防

ここからは，免疫の“敵”，病原体について見ていきましょう。病原体には「ウイルス」や「細菌」などがいます。まずは，ウイルスの姿にせまります。

免疫の敵，ウイルスと細菌

先生，免疫システムすらかいくぐってしまうがん細胞のしくみには驚きました。しかし，がん細胞はもともとは体内の細胞が変形したものですけど，新型コロナウイルスのように，外部から侵入してきて，世界中に広がるような強大なウイルスもいるわけですよね。
免疫すら負けるウイルスって，いったいどんな武器をもってるんだろう……。

気になりますよね。それでは2時間目からは視点を転じて，免疫の敵がどのような姿をしているのかについて，見ていきましょう。敵の作戦を知ることも，自分の体を守るためにはとても大切なことですからね。

よろしくお願いします！

病原体にはいろいろな種類があり，代表的なものに**ウイルス**や**細菌**がいます。
STEP1ではウイルスについて，STEP2では細菌についてくわしくお話ししますね。くわしい説明の前に，この二つのちがいについて，簡単に説明しておきましょう。

わかりました。確かに，この二つがどうちがうのか，あまりよくわかっていなかったかも……。

まず，**細菌とウイルスの大きなちがいは，単独で増えることができるかどうか，という点です。**
細菌は，一つの細胞でできた**単細胞生物**です。ですから，栄養分があれば，みずから細胞分裂をして増えることができます。
一方ウイルスは細胞をもたず，みずからの設計図を記録した**核酸（DNAかRNA）**がタンパク質の殻で包まれただけの構造をしています。いわば**細胞の断片**のようなもので，ほかの細胞に感染しない限り，増えることはできません。
細菌は生物であるのに対し，ウイルスは生物と非生物の中間といった存在といえます。

ポイント！

細菌とウイルスの違い

細菌

単細胞生物。細胞分裂をして単独で増殖することができる。

ウイルス

細胞をもたない。生物と非生物の中間。自分で増殖できず，別の細胞に感染して増える。

また，細菌とウイルスは大きさもことなります。
人間が肉眼で見える領域を1ミリメートルスケールとすると，細菌は**マイクロメートルスケール**（1マイクロメートル＝100万分の1メートル）で，光学顕微鏡でしか見ることができません。
ウイルスはさらに小さく，ほとんどのものが**ナノメートルスケール**（1ナノメートル＝10億分の1メートル）で，電子顕微鏡でしか見ることができないほど小さい構造をしています。

ウイルス小さいですね！　これが細胞にくっついてうわーっと増殖するわけですか。そう考えるとこわいですね……。細菌かウイルスかによって，こちらも攻撃の作戦を変えないといけないわけですね。

その通りです。

ウイルスと細菌の大きさのちがい

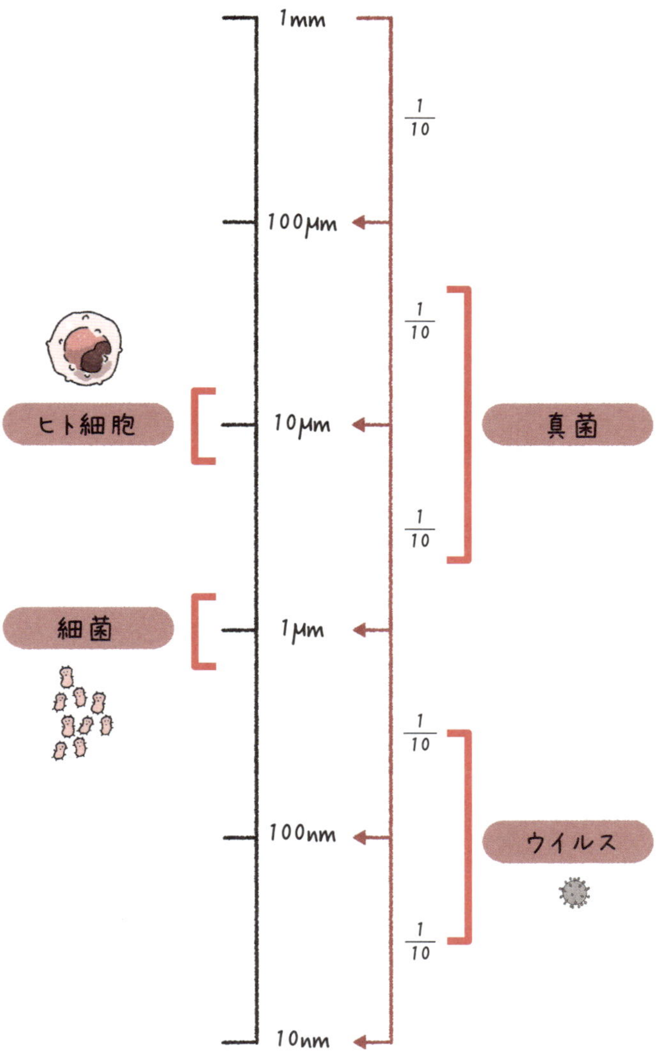

ウイルスの構造は3タイプ

それではあらためて，ウイルスとはどのようなものなのかについて，くわしく見ていきましょう。
病気を引きおこすウイルスには，咳や鼻水，のどの痛み，高熱などといった風邪症状を引きおこす**コロナウイルス**や**インフルエンザウイルス**，下痢や腹痛といった症状を引きおこす**ノロウイルス**など，さまざまなものがあります。
白血病や肝がんなど，**がん**の原因となるウイルスも存在するんですよ。**現在，病気の原因となるウイルスの種類は400種類以上にもおよびます。**

400種類以上!?
でも考えてみたら，ウイルス性の病気って多いですよね。麻疹や風疹とか，エイズだってそうですもんね。がんの原因のウイルスまであるのか……。

ではまず，ウイルスの構造について見ていきましょう。
通常の生物は，「細胞」という基本単位が集まってできています。そして，細胞の中には，核酸として**DNA（デオキシリボ核酸）**と，**RNA（リボ核酸）**の両方が存在しています。
1時間目でお話ししたように，DNAは遺伝情報を記した本のようなもので，DNAの遺伝情報がRNAに転写され，RNAに転写された情報をもとに，タンパク質をはじめとする，生体に必要な分子がつくられているわけですね。

（上）DNA（2本鎖）

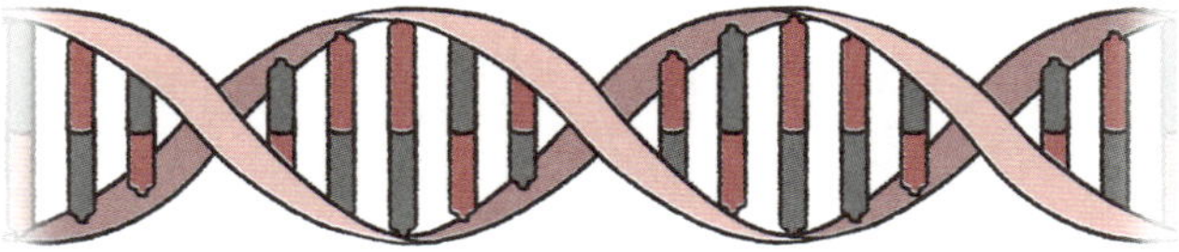

（下）RNA（1本鎖）

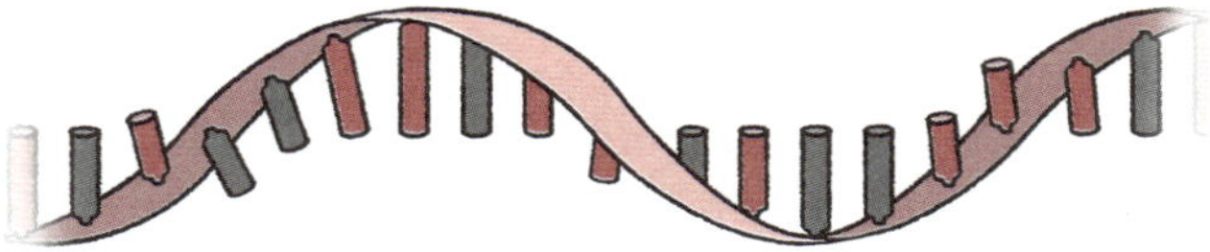

そうでしたね。

一方，ウイルスは細胞をもたず，みずからの設計図を記録した「核酸」を「タンパク質の殻」で包んだだけの，単純な構造をしています。そして，**ウイルスの核酸は，DNAかRNAかのどちらかしかないんです。**
DNAしかもたないウイルスは**DNAウイルス**，RNAしかもたないウイルスは**RNAウイルス**といいます。

生物は細胞の中にDNAとRNA両方があるけれど，ウイルスはどっちかなんですね。

そうです。ウイルスの核酸を包むタンパク質の殻は**キャプシド**といい，キャプシドは**キャプソマー**とよばれるタンパク質の基本単位が規則正しくつながってできています。キャプシドはさらに**エンベロープ**とよばれる脂質の膜で覆われています。また，インフルエンザウイルスは**スパイク**という突起をもつこともあります。

細胞とウイルスの構造のちがい

動物の細胞の断面図

細胞には，単独で増殖するためのさまざまな器官が備わっている。「リボソーム」では，DNAをもとに，さまざまなタンパク質がつくられ，「ミトコンドリア」では，エネルギー源がつくられる。細胞は，これらの器官を利用しながら，細胞分裂によって自分の複製をつくりだすことができる。

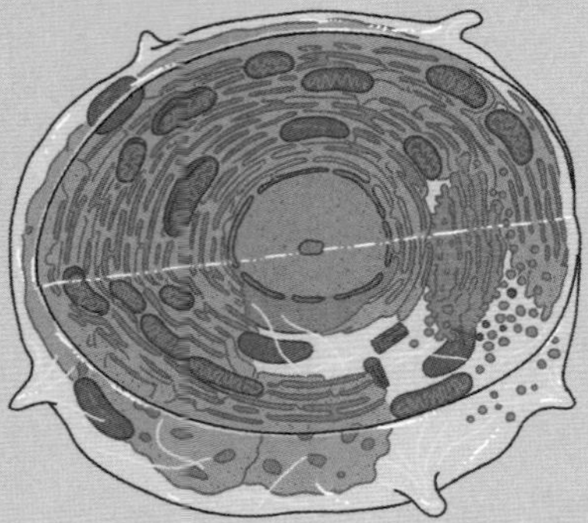

インフルエンザウイルスの断面図

おりたたまれたRNAをキャプシドがおおっている。また，その外側を「エンベロープ」がおおい，表面に「スパイク」とよばれ突起が飛びだしている。

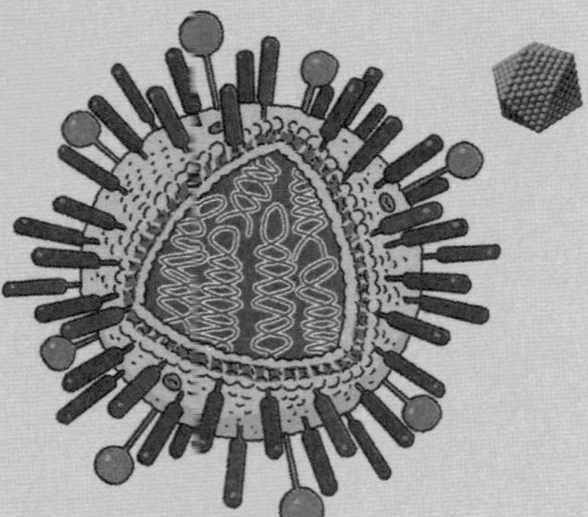

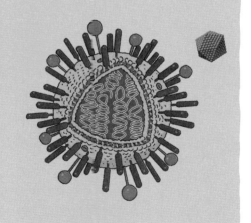

単純とはいえ，不思議な形状をしているんですね。

そうなんです。そして，**ウイルスの構造は，大きく三つに分けることができます。**
まず一つ目は，核酸をキャプシドが覆っただけの，最もシンプルな構造のウイルスです。
この形状のウイルスには，運動神経麻痺などをおこす「ポリオウイルス」や，肝炎をおこす「A型肝炎ウイルス」などがあります。
これらのウイルスでは，正二十面体のキャプシドの中に，RNAの細長いリボンがおさめられています。

正二十面体のキャプシドと
核酸だけからなる仮想ウイルス

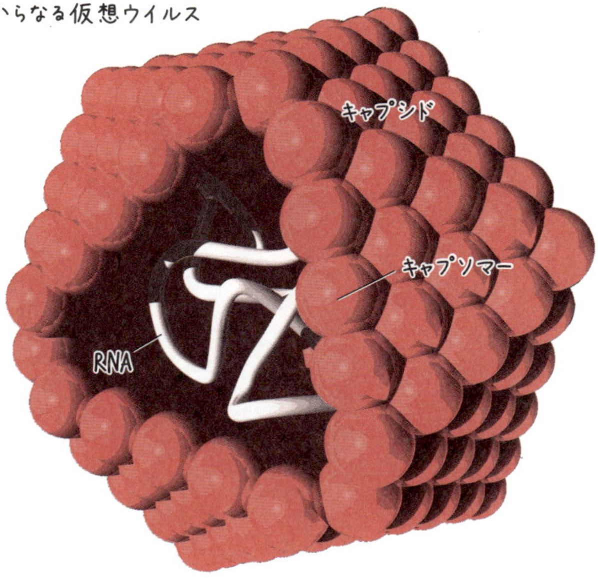

二つ目は，正二十面体のキャプシドの外側が，エンベロープで覆われているものです。実はエンベロープは，もともとウイルスが感染した細胞の細胞膜や核膜だったものなんですよ。あとからお話ししますが，ウイルスは生きた細胞のさまざまな部品や装置を実に巧妙に借用していることがあるのです。

ええっ！　ウイルスってますます不気味ですね……。

この形状のウイルスには，口唇ヘルペスなどを引きおこす**ヘルペスウイルス**があります。ヘルペスウイルスは核酸としてDNAをもっています。

正二十面体のキャプシドの外に
エンベロープをもつ仮想ウイルス

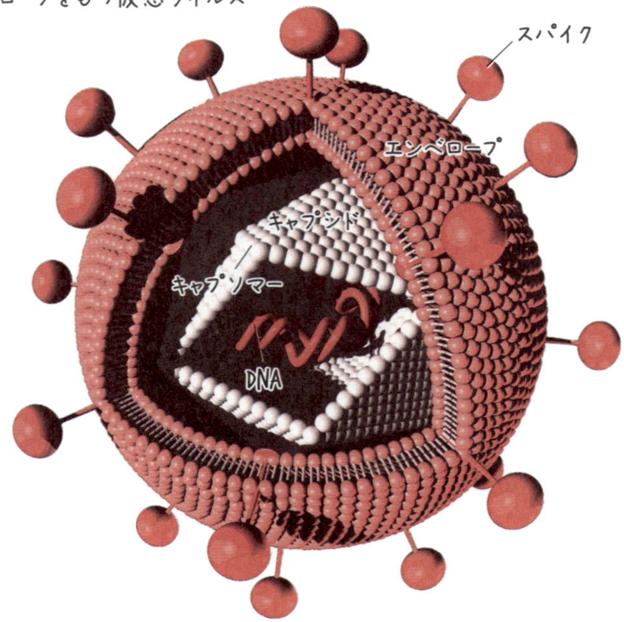

そして三つ目が，キャプソマーがらせん状につらなり，筒のように見えるキャプシドの外側が，エンベロープで覆われているものです。
この形状のウイルスには，**麻疹ウイルス**や**インフルエンザウイルス**などが挙げられます。麻疹ウイルスもインフルエンザウイルスも核酸としてRNAをもっています。

キャプソマーがらせん状につらなったキャプシドの外側にエンベロープをもつ仮想ウイルス

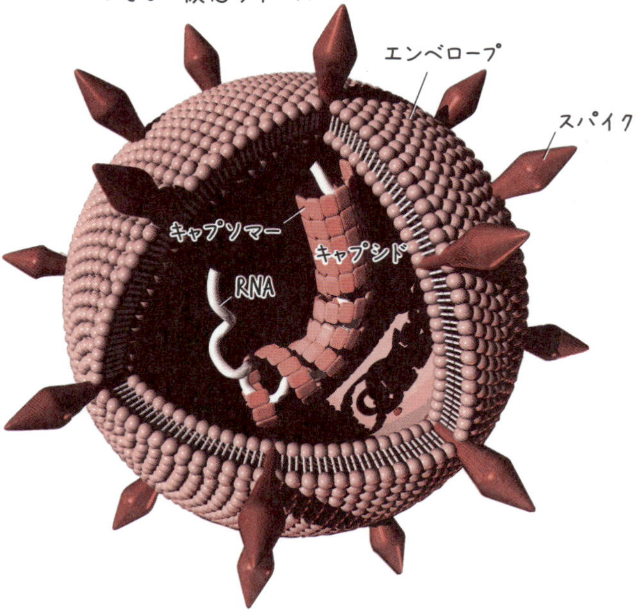

ウイルスの性質は，構造のちがいなんですね。

そうです。次のページのイラストは，さまざまな大きさ・姿のウイルスを，同じ縮尺でえがいたものです。

ウイルスの姿はさまざま

さまざまな大きさ・姿のウイルスを，同じ縮尺でえがいた。イラストの最大のウイルスは，最小のウイルスの約20倍の大きさだ。実際には，これらのウイルスの多くは，光学顕微鏡を通しても見えないほど小さい。たとえばインフルエンザウイルスの膜の部分の大きさは，約120ナノメートル(ナノは10億分の1)である。これは，髪の毛の直径のわずか1000分の1ほどだ。

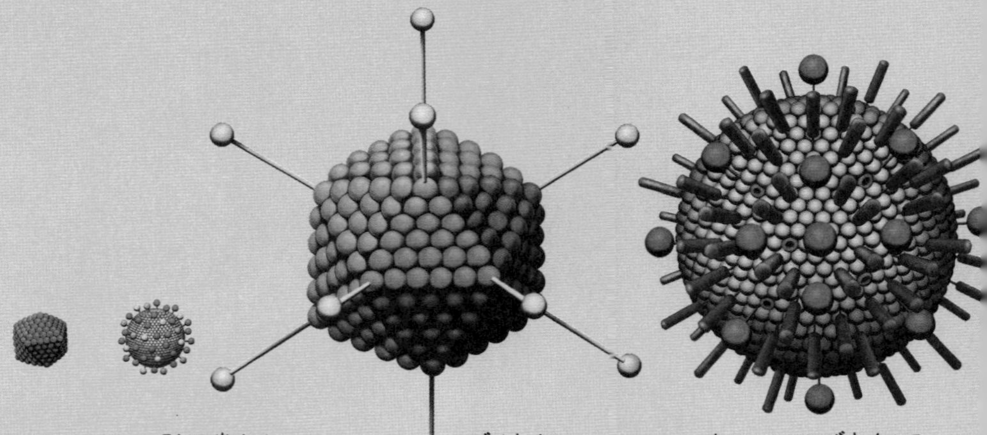

サーコウイルス
一部がトリに感染する。正20面体のキャプシドをもつ。

D型肝炎ウイルス
表面に3種類のスパイクをもつ。B型肝炎を引きおこすウイルス(HBV)に寄生していて，HBVの感染に便乗して増殖する。

アデノウイルス
風邪の原因となるウイルスの一つ。正20面体のキャプシドをもち，そこから長いスパイクが飛びだしている。

インフルエンザウイルス
エンベロープの表面に，2種類のスパイクがのびている。

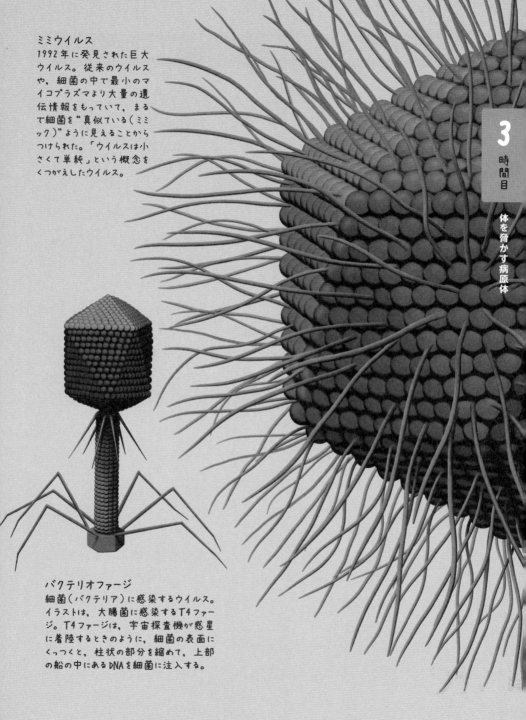

ミミウイルス
1992年に発見された巨大ウイルス。従来のウイルスや，細菌の中で最小のマイコプラズマより大量の遺伝情報をもっていて，まるで細菌を“真似ている（ミミック）”ように見えることからつけられた。「ウイルスは小さくて単純」という概念をくつがえしたウイルス。

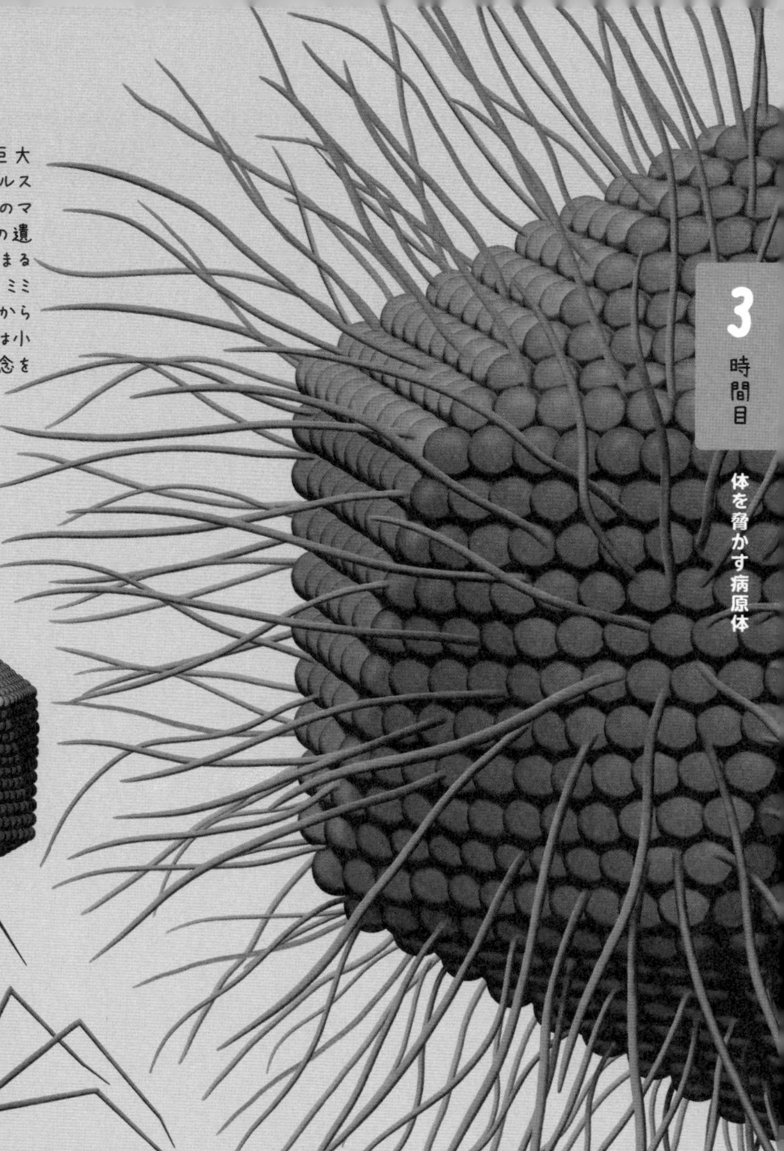

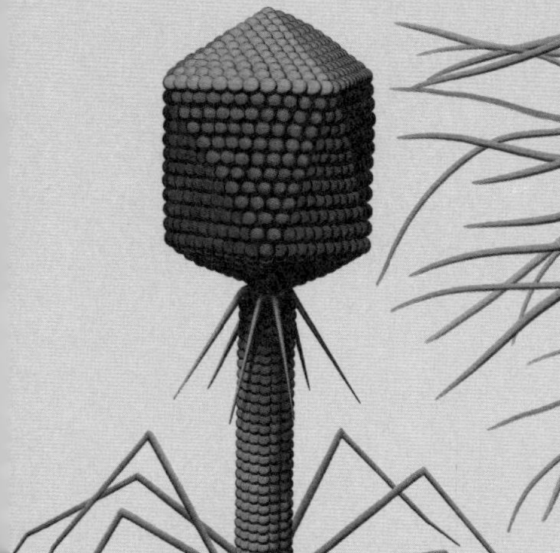

バクテリオファージ
細菌（バクテリア）に感染するウイルス。イラストは，大腸菌に感染するT4ファージ。T4ファージは，宇宙探査機が惑星に着陸するときのように，細菌の表面にくっつくと，柱状の部分を縮めて，上部の船の中にあるDNAを細菌に注入する。

ウイルスはヒトの細胞に感染して増殖する

さて，ウイルスの基本的な構造についてお話ししました。続いて，ウイルスがどのように増殖するのかを見ていきましょう。

よろしくお願いします！

お話ししたように，ウイルスは遺伝情報とタンパク質の殻や膜しかもっていないため，単独で増殖することができません。そのため，生きた生物の細胞に寄生する方法によってのみ増殖します。生物の細胞の中には「DNAを複製する装置」や「DNAの遺伝情報をもとにタンパク質をつくりだす装置」，「さまざまな生体材料物質」など，細胞が自己複製して分裂するためのシステムが詰まっています。ウイルスは，これらのシステムを巧妙に借用して増殖するのです。

こ，こわいですね。

しかし，ウイルスは，どんな細胞にも自在に寄生できるわけではありません。
一部の例外を除き，ウイルス表面の構造の一部と細胞表面の構造の一部が「鍵と鍵穴」のようにはまった場合にのみ，細胞に取りついて内部へ侵入することができるのです。植物にしか感染しないウイルスがいたり，ヒトにしか感染しないウイルスがいたりするのは，この「鍵と鍵穴の関係」によるものだと考えられます。

また，ヒトに感染するウイルスの中でも，あるものは喉の粘膜の細胞に，あるものは肝臓の細胞に寄生するというのも，同様の理由が考えられています。
このように，ウイルスは，それぞれ決まった細胞に侵入し，細胞の器官を借りて自分を複製するのです。
そして，そこで勃発する免疫細胞とウイルスの攻防戦の結果が，病気の症状としてあらわれるわけですね。

なるほど。

さて，前置きが長くなりましたが，ウイルスがどのような戦略で感染していくのかを，具体的に見ていきましょう。
ウイルスはまるで，ギリシア神話で伝えられている**トロイの木馬**のような戦略をとるんですよ。

トロイの木馬？

ええ。大きな木馬の中に味方の兵を大量に潜ませて敵陣に送り，敵が油断してこの木馬を城内に入れたとたんに中の兵士たちが飛びだして敵を攻撃するという戦略です。

ああ～！　そういうコンピューターウイルスもありましたね！

そうです。ウイルスは細胞に「役に立つもの（木馬）」と誤解させてその細胞の内部に侵入したあと，自分のRNA（兵士）を放出して細胞を乗っ取り，「ウイルス生産工場」に変えてしまうのです。

どういうことですか!?

冬になると流行するインフルエンザウイルスを例に，ウイルスが増殖する過程を見ていきましょう（182〜183ページのイラスト）。
まず，ウイルスが細胞に近づくと，細胞膜はウイルスに合わせてくぼみはじめ，やがてウイルスを包みこむようにして，細胞内に取りこみます。

ええ〜！　だめですよ！　そんなに簡単に取りこんじゃ！

しょうがないんですよ。これは，細胞が外の物質を内部に取りこむときに使う**エンドサイトーシス**という，そもそも細胞がもっているしくみなんです。エンドサイトーシスは，外部から栄養分を取りこんだり，信号を受け取ったりするために必要なものなのです。
ウイルスはこの細胞のしくみを利用しているんですね。

ああそうか，細胞は必要なものだと思って，自分の内部に取りこんじゃうんですね。

そうです。細胞内に入りこむと，やがてウイルスの膜（エンベロープ）と，ウイルスを包む細胞膜の一部がくっついて融合し，破れはじめます。
すると，破れたところから，キャプシドに包まれたRNAが放出されて細胞の核の中に入りこみ，自分の複製をつくりはじめるのです。

うわ，巧妙だなぁ……。

さらに，ウイルスのRNAは，みずからの遺伝情報をもとに，細胞核の外のリボソームを使って，スパイクやキャプシドのタンパク質を大量につくらせるのです。
そして，これらの部品を組み合わせ，今度は細胞膜を流用してキャプシドに包まれたRNAを包みこみ，細胞から放出させます。

なるほど，こうやって，細胞がもっている自己増殖のためのいろいろな装置を勝手に利用するわけなんですね。
ずるい！　でも，すごいですね……。

そうでしょう？
こうしてウイルスは，一つの細胞でみずからの部品を大量生産してはほかの細胞に侵入することをくりかえし，爆発的に増えていくのです。
「ウイルスが細胞に感染する」とは，このように，ウイルスが細胞内へ侵入して自分のコピーをつくっている状態のことをいいます。

インフルエンザウイルスの増殖のしくみ

1. 細胞に侵入
インフルエンザウイルスは，細胞に近づくと，細胞膜を巻きこむようにして細胞の中に侵入する。このとき細胞は，スパイクの一つであるヘマグルチニンとの接触をきっかけにウイルスを取りこむ。ヘマグルチニンはいわば“鍵”の役割を果たす。

2. RNAを放出
ウイルスの周囲の細胞膜とエンベロープがくっつき，融合したところから破れ，キャプシドにおおわれたRNA（ヌクレオキャプシド）が放出される。膜の融合は，膜の間にあるヘマグルチニンが変形することにより引きおこされる。

3. RNAが増殖
ヌクレオキャプシ
が核の内部に
入し，細胞の
能を利用してRN
を増殖させる。

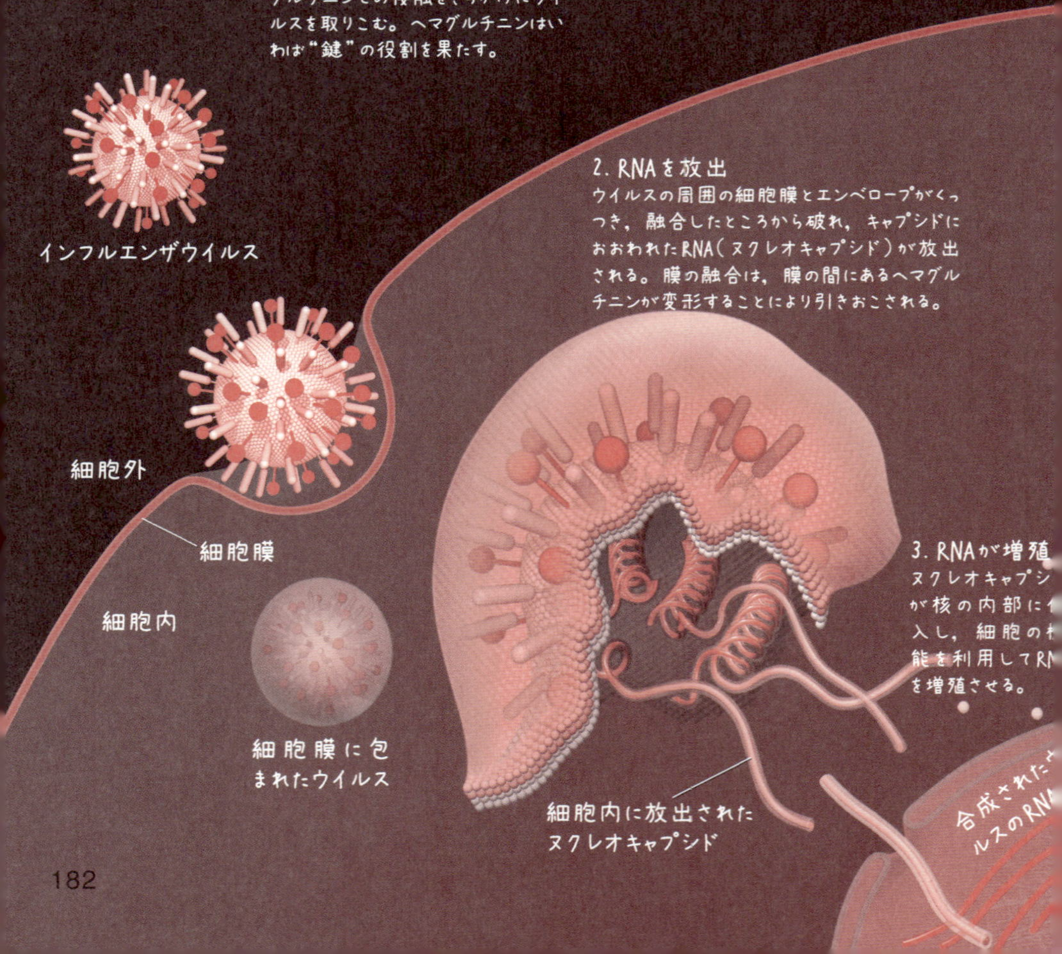

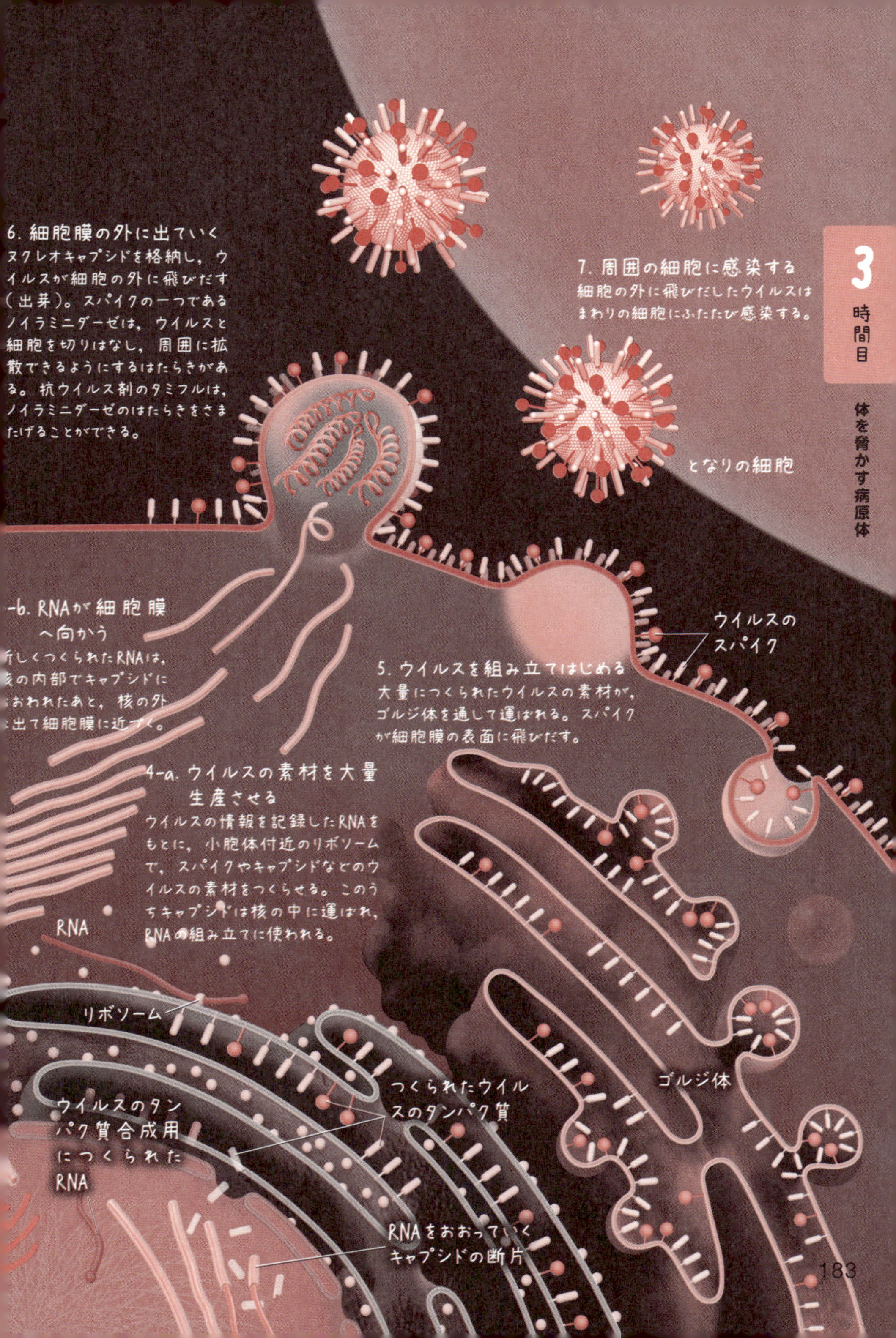

6. 細胞膜の外に出ていく
ヌクレオキャプシドを格納し，ウイルスが細胞の外に飛びだす(出芽)。スパイクの一つであるノイラミニダーゼは，ウイルスと細胞を切りはなし，周囲に拡散できるようにするはたらきがある。抗ウイルス剤のタミフルは，ノイラミニダーゼのはたらきをさまたげることができる。
7. 周囲の細胞に感染する
細胞の外に飛びだしたウイルスはまわりの細胞にふたたび感染する。
となりの細胞
-b. RNAが細胞膜へ向かう
斤しくつくられたRNAは，
亥の内部でキャプシドに
おおわれたあと，核の外
出て細胞膜に近づく。
ウイルスのスパイク
5. ウイルスを組み立てはじめる
大量につくられたウイルスの素材が，ゴルジ体を通して運ばれる。スパイクが細胞膜の表面に飛びだす。
4-a. ウイルスの素材を大量生産させる
ウイルスの情報を記録したRNAをもとに，小胞体付近のリボソームで，スパイクやキャプシドなどのウイルスの素材をつくらせる。このうちキャプシドは核の中に運ばれ，RNAの組み立てに使われる。
RNA
リボソーム
ウイルスのタンパク質合成用につくられたRNA
つくられたウイルスのタンパク質
ゴルジ体
RNAをおおっていくキャプシドの断片

発熱やのどの痛みを引きおこすインフルエンザウイルス

続いて，代表的なウイルスの感染のしくみと，症状がおきるメカニズムについてご紹介していきましょう。
まずは，**インフルエンザウイルス**を見てみましょう。

インフルエンザウイルスは毎年流行りますよね。

インフルエンザウイルスは，主に呼吸器の細胞に感染します。感染したヒトのくしゃみや咳に乗って飛びだしたウイルスが空気中にただよい，それがほかの人の口や鼻へと侵入し，のどや鼻の細胞に感染する，というサイクルです。

うわ〜。いやですよね。ウイルスに占領された細胞は，その後どうなってしまうんですか？

ウイルスに利用され，ウイルスを放出した細胞はぼろぼろにこわれ，死んでしまいます。
インフルエンザウイルスに感染し，のどの細胞が次々にこわされると，私たちはのどの痛みを感じるようになるのです。さらにウイルスが気管や気管支の細胞をこわしはじめると，咳やたんなどが出るようになります。
そして，免疫細胞による炎症反応も症状を加速させることになります。

炎症や発熱は，免疫とウイルスが戦っている証ということでした。

その通りです。発熱すると頭痛がおきますが，これは頭にウイルスが侵入するためにおきるのではありません。
発熱による頭痛は，体内の免疫細胞がウイルスと戦うときに出す物質が，脳の体温中枢を刺激するためにおきるものです。その刺激で熱が出るんですね。
体温が上がると，免疫細胞が活発にはたらけるようになり，ウイルスへの攻撃力が高まるのです。つまり発熱は，体を守るための反応なんです。

発熱による頭痛は，細胞がこわれるために生じる痛みとはちがうわけですね。

そうです。ただし，インフルエンザ感染で心配な症状に**インフルエンザ脳症**があります。発症するのは大部分が6歳以下の子どもで，意味不明な言動や，意識障害，けいれんなどの症状があらわれます。死亡率は10％以下で，25％の患者に後遺症が残るとされています。インフルエンザ脳症は，ウイルスが脳の細胞に感染しておきるのではないかと考えられています。

こわいですね。

脳症がおきるしくみはまだ明確に解明されていませんが，ウイルスを退治するために免疫細胞から放出された大量の「サイトカイン」が原因だと考えられています。

サイトカインは炎症物質でしたね。これを免疫細胞が出して，仲間を呼ぶのでしたね。

そうです。しかし，「ウイルスと戦え！」という指令が過剰に出ることで脳が腫れ，脳症の症状がおきると考えられています。インフルエンザ脳症は早期の治療が重要で，意識障害などが見られた場合は一刻も早く病院を受診する必要があります。

免疫の反応が強すぎて脳が腫れる……。

さて，インフルエンザの治療薬には，**タミフル**や**リレンザ**があります。これらの薬は，ウイルスが感染細胞から放出されるのを防ぐ効果があります。それによって，大量のウイルスが新たに体内に出まわることをおさえ，症状を早く回復させるのです。

インフルエンザウイルスによる感染と免疫細胞による防御（1～4）
のどの痛みや咳，発熱がおきるしくみ

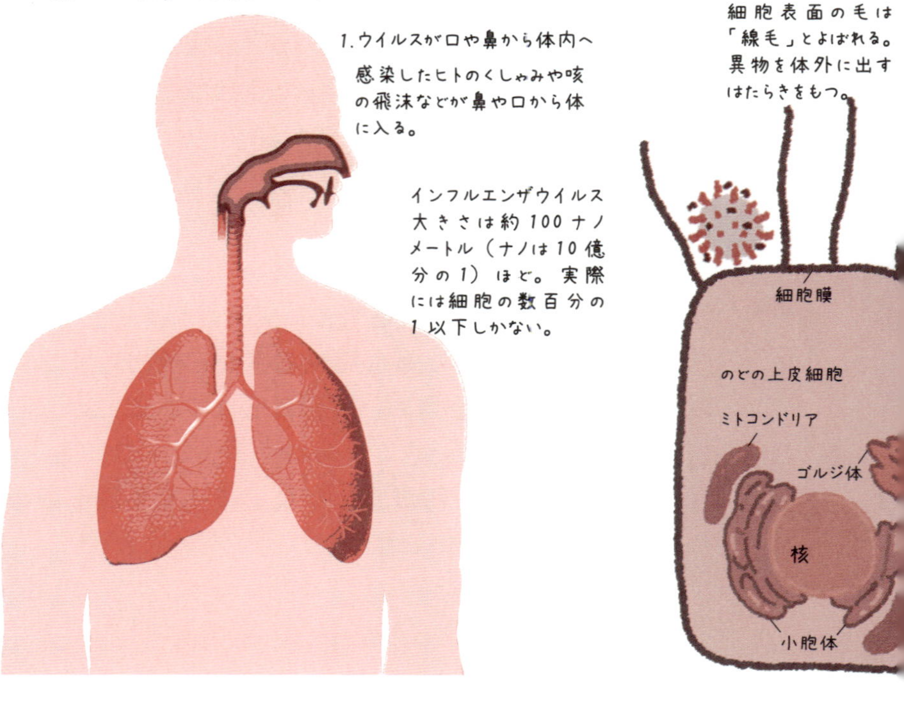

先ほどウイルスの攻撃方法をお聞きしたので，薬がどこをねらったものなのかがイメージできます。
タミフルやリレンザは，ウイルス自体をやっつけるわけではなくて，コピーされた大量のウイルスが放出をされるのをおさえる薬だったんですね！

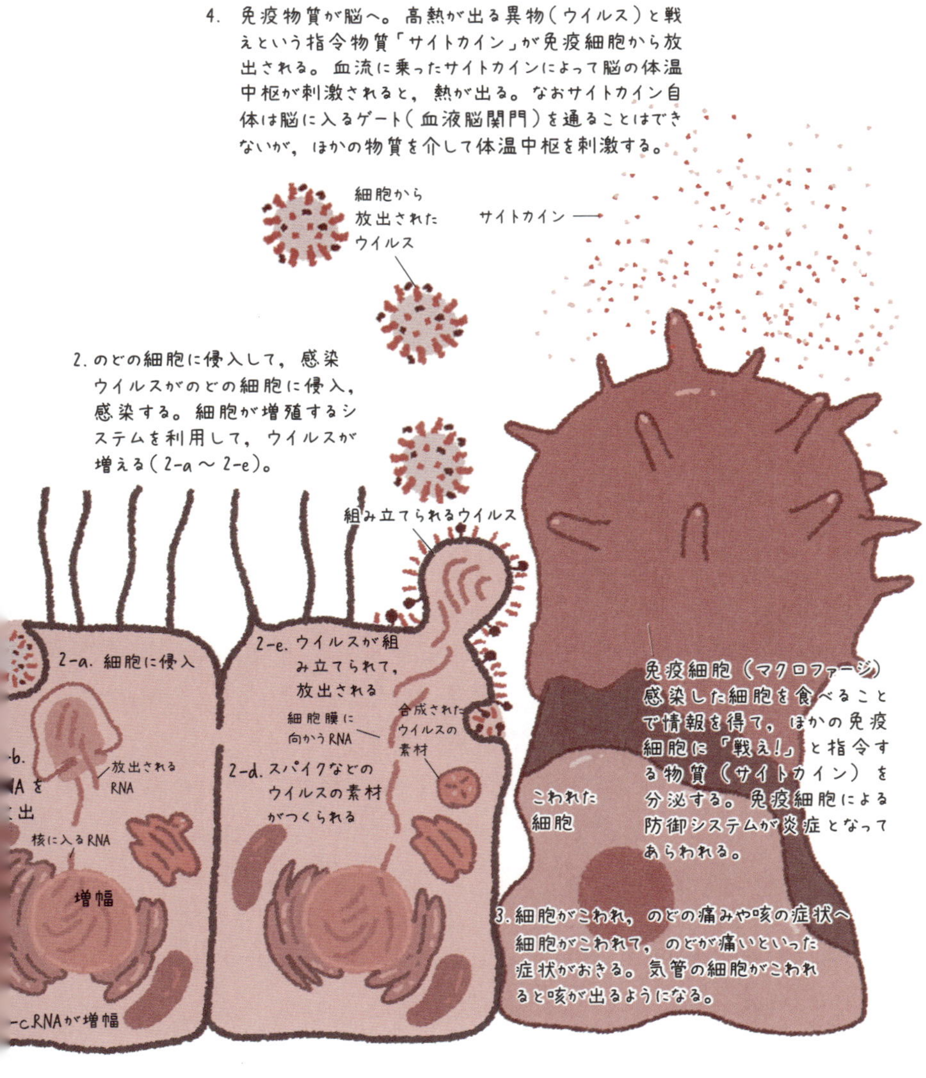

腸の細胞を破壊するノロウイルス

さて次は，主に消化器系に感染するノロウイルスについてご紹介しましょう。

ノロウイルスですか……。これも感染するとひどい症状が出ますよね。

その通りです。ノロウイルスは感染性胃腸炎を引きおこし，下痢や嘔吐などの症状をもたらします。また，食中毒による感染性胃腸炎の原因としても知られ，**ノロウイルスによる食中毒の国内患者数は，すべての食中毒の中で第1位だといいます。**

食中毒の原因ウイルスといってもよさそうですね。
でも，咳とかくしゃみが出るわけではないし，こういうウイルスはどうやってヒトとヒトとのあいだで感染するんですか？

ノロウイルスは，ウイルスが含まれた貝を食べたり，感染者の嘔吐物や排泄物にふれたりすることで感染します。**そもそもノロウイルスは感染力が強く，わずかな量のウイルスが体に入るだけで感染します。**
貝の場合，感染者の排泄物が下水を流れて河川から海へと流れ，それを貝が摂取してしまうことがあります。
また，感染者の排泄物がわずかに付着したトイレのドアノブに触れてしまうとか，床にごく少量残った感染者の嘔吐物が乾燥して，その中のウイルスが空気中を舞い，それを吸った多くの人が感染することもあります。

感染力もそうですけど，ノロウイルスの生命力もすごいですね……。
ところで食中毒って食べ物からですよね。ウイルスは，胃袋の中の強力な胃酸で溶かされたりはしないんですか？

確かに，インフルエンザウイルスなどは胃の中の強酸の消化液でこわされて感染力を失うことが多いです。
しかし，ノロウイルスはエンベロープをもたない構造をしていて，そのような構造のウイルスの多くは，胃液による攻撃をくぐり抜けて，小腸の細胞に侵入するんです。

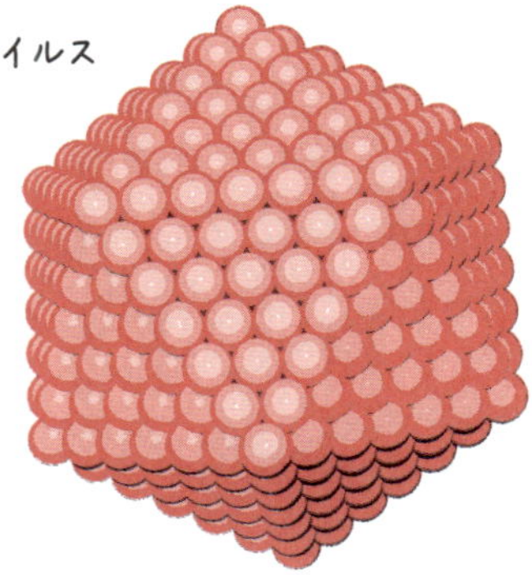

ウイルスの三つの構造のうち，一番シンプルな構造のやつですね。

そうです。ノロウイルスに乗っ取られた小腸の細胞はこわれ，栄養素や水分を吸収できなくなってしまい，その結果，下痢がおきるようになるんです。

なるほど，その下痢の中にノロウイルスが含まれていて，それが流れて……。

その通り。排泄物にはたくさんのウイルスが含まれていて，トイレから下水へと流れたあと，川から海へ流れつきます。そして，牡蠣などの二枚貝に取りこまれ，濃縮されて，その貝を食べた人に新たに感染するわけです。

貝は海水を取りこむから，“海の濃縮工場”とかいわれますもんね。
ノロウイルスにも，タミフルやリレンザみたいな特効薬はあるんですか？

残念なことに，ノロウイルスに対抗する薬はまだありません。そのため，水分補給や栄養補給，整腸剤や痛み止め服用などの対症療法が中心となります。
ただし，ノロウイルスの場合，多くの人が免疫システムによってウイルスを排除し，2日ほどで症状が回復します。

やっぱり免疫はすごい！

ただし，高齢者や乳児の場合，脱水症状などをおこして重症化することがあるので注意が必要です。

とにかく，気をつけるしかないですね……。
今はどこにでもアルコール消毒が置いてあるから，安心ですね！

ところがですね，**ノロウイルスは，アルコールでは消毒できないんですよ。**

ええっ!?

新型コロナウイルスのパンデミック以来，多くの公共機関に，アルコール消毒液が設置されるようになりました。アルコールは，ウイルスの外側を覆うエンベロープを破壊するため，インフルエンザウイルスなどのエンベロープをもつウイルスの消毒には効果があります。
しかしノロウイルスのような，エンベロープをもたないウイルスには，アルコール消毒は効果がないのです。

一体どうすればよいのでしょうか。

このようなウイルスの感染予防対策として一番効果的なのは，水で手を洗い流すことです。
石けんもアルコールと同様にノロウイルスには消毒効果がないので，とにかく洗い流すことで，大きな感染予防になります。

水，ですか……。

はい。また，もし感染者の嘔吐物や便などが床や衣類についた場合は，**塩素系漂白剤（次亜塩素酸）**で消毒するか，85℃で1分間加熱する（煮沸やアイロンなど）ことで消毒できるとされています。ただし，塩素系漂白剤を直接手につけるのは危険なので，注意して作業する必要があります。

インフルエンザとはまったく対応がことなるわけですね！

ノロウイルスが腸を破壊するしくみ（1～3）

下痢がおきるしくみを見てみよう。
ちなみに嘔吐は，小腸から脳の嘔吐中枢に刺激が伝えられることでおきる。

ノロウイルス
正20面体のキャプシドをもつ。エンベロープはもたない。大きさは約40ナノメートル。

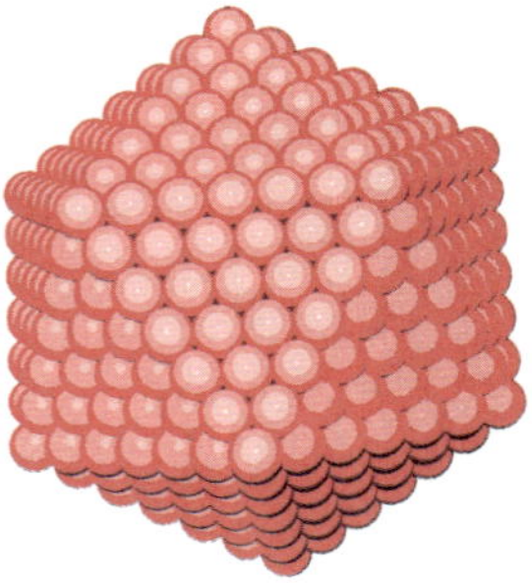

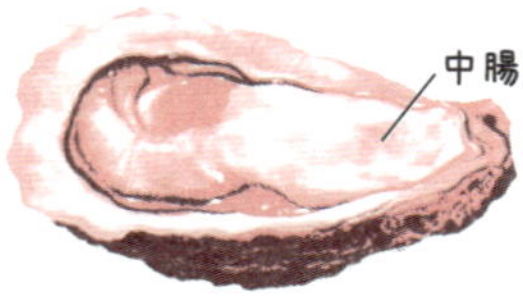

牡蠣に濃縮されるノロウイルス
ノロウイルスは牡蠣の消化器官の一つ「中腸腺」に濃縮される。生食用の牡蠣は，汚染の少ない海域で養殖するなど，ウイルスの濃縮を防ぐ対策がとられていることが多い。

1. ウイルスは胃を通過して腸へ汚染された牡蠣などの二枚貝を生で食べたり，空気中にただようウイルスを吸いこむことで体に入る。エンベロープをもたないため，大部分のウイルスが胃を通過し，感染場所である腸へと到達する。

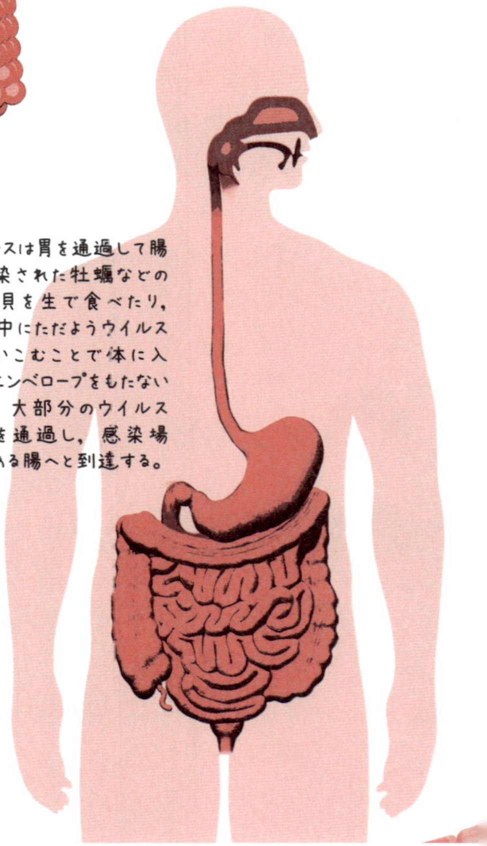

通常は腸の上皮細胞によって，糖分や水分が吸収される。

2. 小腸の細胞に感染，増殖する
ノロウイルスが小腸の細胞に感染する。感染のしくみは明確にはわかっていない。感染細胞の中で大量のウイルスがつくられて，細胞外へ放出される。

3. 細胞が破壊され，下痢にウイルスを放出した細胞はこわれて死んでしまう。死んだ細胞が増えると，水分や糖分の吸収などをおこなえなくなる。大量のウイルスとともに水分や糖分が下痢となって体外へ流れでる。

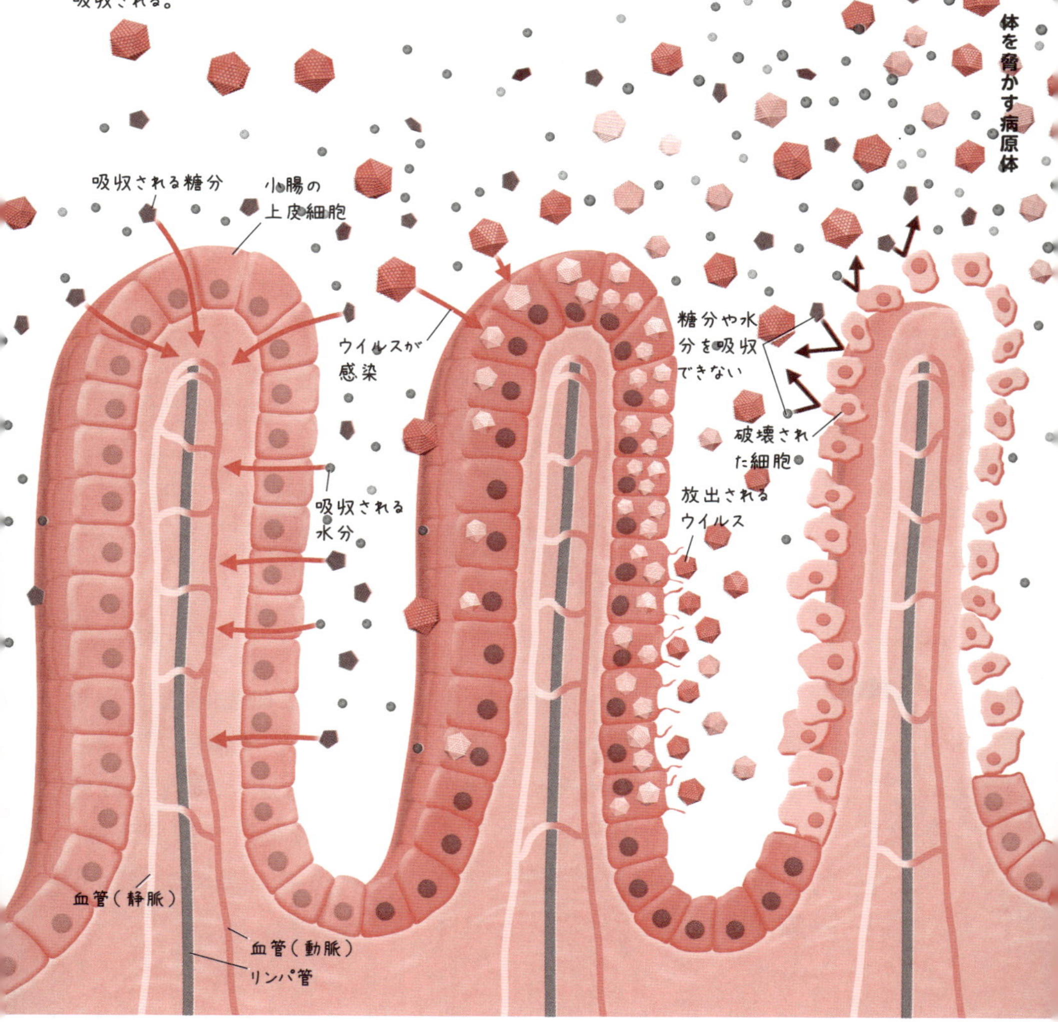

ウイルスが原因の肝炎

肝炎は，病気自体は古くから知られていました。紀元前に，ギリシアの医師**ヒポクラテス**（紀元前460年ごろ〜紀元前370年ごろ）が，黄疸を引きおこす病気の流行について記録を残しています。今では，これが肝炎だったと考えられています。

肝炎って，そんなに昔からあったんですね。肝炎というと，ものすごくお酒を飲む人が肝臓を壊して，というイメージで，あまりウイルスとは結びつかなかったです。私は酒豪でもないので，そもそも肝臓を意識したこともあまりなかったですし。

そうですね。まず肝臓は，体が吸収した栄養素を，各器官が吸収しやすいように化学処理をほどこす臓器です。また，アルコールやニコチン，老廃物などの有害物質を無毒化するはたらきもあります。脂肪を分解する胆汁は，肝臓で有毒物質が分解されてできたものなんですよ。肝臓はいわば，**人体の化学工場**なんです。

肝臓って，そんなすごい臓器だったんですね……。

そうですよ。ですから，肝臓に炎症がおきると，生命活動に大きな影響が出てしまいます。
肝炎にはいろいろな種類があり，ウイルス性の肝炎はそのうちの一つです。
ウイルス性以外の肝炎には，アルコールが原因の**アルコール性肝炎**，薬物などの有害物質が原因の**薬剤耐性肝炎**，自己免疫による**自己免疫性肝炎**があります。
日本では，肝炎のうち，ウイルス性肝炎が最も多いことがわかっています。

いろいろな肝炎があるんですね。ヒポクラテスが記録したのは，黄疸を引きおこす病気の“流行”とありますから，ウイルス性肝炎だったんですね。

そうですね。しかし，そんなに昔から肝炎が流行していたにもかかわらず，肝炎の原因は長いあいだわかっていませんでした。
現在，ウイルス性肝炎には，水や食物から感染する**経口型**と，血液を介して感染する**血清型**があることがわかっており，経口型は**A型肝炎**，血清型は**B型肝炎**といいます。さらに，**現在はA型～E型まで，五種類の肝炎ウイルスが確認されています。**ここでは主に，B型肝炎ウイルスとA型肝炎ウイルスについてご紹介しますね。

肝炎ウイルスはたくさんあるんですね。肝炎ウイルスはいつごろ発見されたんですか？

肝炎とウイルスの関連が発見されたのは，**1965年**のことです。オーストラリアの先住民の血液からウイルスの表面タンパク質の一部が得られたことから，はじめてウイルスが肝炎を引きおこすことが発見され，1970年に**B型肝炎ウイルス（HBV）**が特定されました。
さらに，1973年に，アメリカの国立感染症研究所（NIH）で，肝炎の感染者の糞便から新たなウイルスが発見され，**A型肝炎ウイルス（HAV）**として特定されたのです。

本当に，結構最近なんですね。

そうですね。ではまず，B型肝炎ウイルスから見ていきましょう。大きな特徴として，肝炎ウイルスの中でB型肝炎ウイルスだけが唯一，核酸にDNAをもつ，DNAウイルスです。
核酸（DNA）をキャプシドが覆い，その上からさらにエンベロープが覆っています。B型肝炎では，この核酸をキャプシドが覆う部分を**デーン粒子**といいます。
B型肝炎ウイルスはほかの肝炎ウイルスとことなり，ウイルスの外殻に，ことなるウイルス粒子をたくさんしたがえています（オーストラリア抗原）。

なるほど，これが最初に発見されたわけなんですね。

そうです。B型肝炎ウイルスは，血液や体液を介して体内に入り，肝臓に到達すると，肝臓の細胞に感染して炎症をおこします。

B型肝炎ウイルス（HBV）

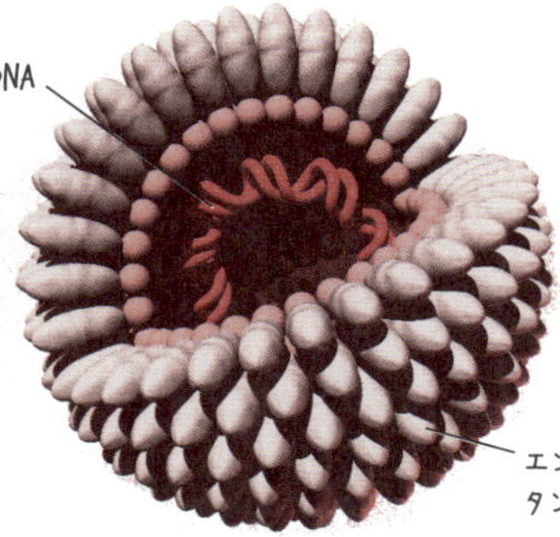

血液や体液を介して感染するB型肝炎は，輸血などによって感染すると，急性肝炎の症状をおこしやすい。劇症肝炎になって死亡する場合もあるが，多くは一過性で完治する。母子感染や生後3歳までに感染すると，HBVキャリアに移行しやすい。

B型肝炎ウイルスの粒子は3種類の形をとる。感染能力のあるものはキャプシドの中に核酸を収納した「デーン粒子」である。そのほか，エンベロープのタンパク質が球状に凝集した「小型球状粒子」や管状に並んだ「管状粒子」がある。

感染すると，急性肝炎を発症し，微熱，食欲不振，嘔吐，全身の倦怠感や黄疸といった症状があらわれます。成人がはじめて発症する場合，**急性肝炎**といいます。まれに死に至るようなはげしい症状があらわれることもあります。急性肝炎の場合，多くは免疫のはたらきによってウイルスは排除され，1か月程度で回復します。

治るんですね!?　免疫はやっぱり頼もしいですね。

B型肝炎は，本来は自然治癒する病気です。ただし，出産時に**母子感染**することもあります。この場合，赤ちゃんの免疫は未発達のためウイルスを識別できず，ウイルスを細胞内に保存したまま，無症状で成長することになります。これを**HBV持続感染**といいます。

そういう経路もあるんですね。

成長とともに免疫機能が発達すると，免疫細胞がHBVを認識し，肝臓の細胞を攻撃しはじめることで肝炎を発症し，症状が半年以上継続する**慢性肝炎**に移行することがあります。
感染した細胞の核内からウイルスDNAを完全に排除することはむずかしく，現在はウイルスを除去する有効な治療法が見つかっていません。
そのため，慢性肝炎の場合，進行をおさえる治療をおこなわないと，**肝硬変**や**肝がん**に至ることがあります。

慢性の場合，治療法はないのですね。予防するしかないわけですか。

かつて，B型肝炎の主な感染ルートは輸血でした。しかし現在，日本では輸血用血液の検査が徹底されたため，感染は激減しています。また，遺伝子工学を利用したワクチンも開発されています。

DNAウイルスということは，有効なワクチンがあれば安心ですね。
先生，もう一方のA型肝炎ウイルスはどのような特徴があるんですか？

水や食物から感染するA型肝炎ウイルスは，口から入って腸から肝臓に移行します。A型肝炎の場合，ほとんどは一時的な急性肝炎で終わり，慢性肝炎にはなりません。

また，昔は今ほど衛生環境が整っておらず，A型肝炎は非常に多かったため，50歳以上の人はほとんどが抗体をもっていると考えられています。
2013年からは1歳以上からワクチン接種が可能となっています。

B型肝炎よりはむずかしくなさそうですね。

そうです。A型肝炎ウイルス（HAV）は，B型肝炎ウイルスとはことなり，正二十面体のタンパク質のキャプシドをもつRNAウイルスです。エンベロープはありません。

A型肝炎ウイルス（HAV）

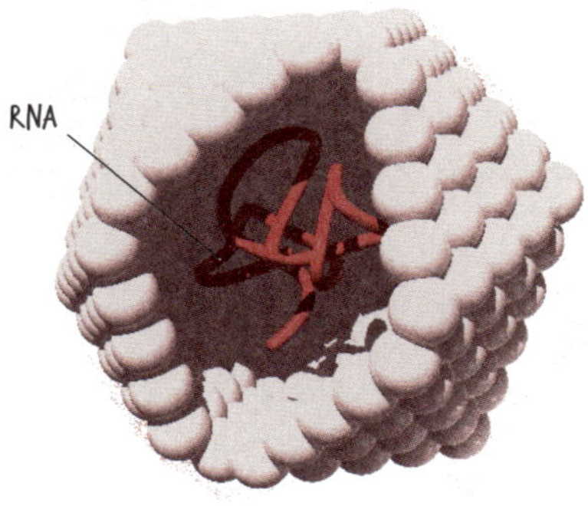

水や食物から感染するA型肝炎ウイルスは，口から入って腸から肝臓に移行する。ほとんどの場合，一時的な急性肝炎で終わる。衛生状態の悪い国では流行がくりかえされていることから，そのような地域へ旅行する際にはワクチン接種を受けたほうがよい。

HAVは正二十面体のタンパク質の殻（キャプシド）をもつRNAウイルスで，直径は約27ナノメートル。

ノロウイルスと同じだから，アルコール消毒が効かないですね！

そうですね。ただし，A型肝炎ウイルスは，現在のように衛生管理が行き届いている社会では，感染する機会はほとんどないといってもよいでしょう。
その反面，50歳未満の人はほとんどが抗体をもっていない状態になってしまっているため，施設内や家族間での感染がないとは限りません。また，衛生環境が発達していない国に渡航する際は，ワクチン接種が推奨されています。

なるほど……。アレルギーもそのようなお話がありましたね。清潔になった反面，抵抗力も弱まってしまうわけですね。

さて，このほかに，C型，D型，E型の肝炎ウイルスが発見されています。
このうち，E型肝炎ウイルスは，A型肝炎ウイルスと同様に経口型で，エンベロープがありません。
C型肝炎ウイルスとD型肝炎ウイルスは，B型肝炎と同様に血清型で，エンベロープがあります。
このうち，D型肝炎ウイルスは必ずB型肝炎ウイルスと併存することがわかっていますが，日本ではほとんど存在しません。

じゃあ，国内ではA，B，C，E型の4種類というわけですね。

C型肝炎ウイルス（HCV）
血液を介して感染し，急性肝炎を引きおこすが，症状はきわめて軽く，気づかない場合が多い。約30%の人は自然治癒するが，残りはHCVキャリアへと移行し，慢性肝炎を発症する。HCVはキャプシドのまわりを脂質のエンベロープで包んだRNAウイルスで，直径は約55ナノメートル。

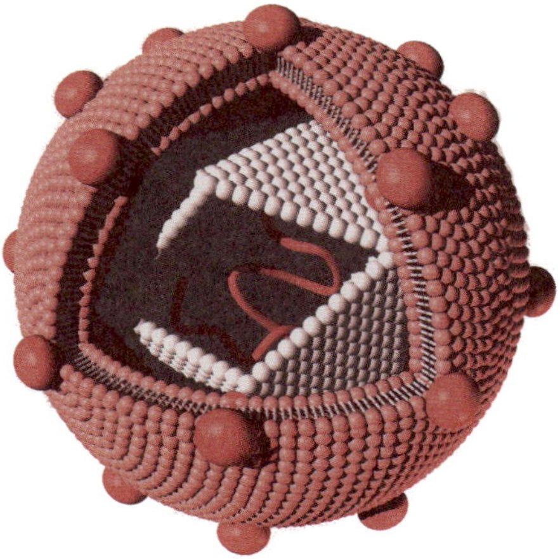

そうです。特にC型肝炎も肝硬変，肝がんへと移行するケースが多く，現在日本で重視されている感染症の一つです。また，E型は慢性化することはありませんが，発展途上国で流行をくりかえしています。日本でも，シカやブタの肉などから人へ感染する場合があります。

免疫システムを徐々に破壊するHIV

インフルエンザウイルスやノロウイルスは，感染してすぐに急性の症状を引きおこすウイルスです。
しかし，数年～数十年たって症状をもたらすウイルスもあります。
その一つが**HIV（ヒト免疫不全ウイルス）**（human immunodeficiency virus：HIV）です。このウイルスに感染することによって，**後天性免疫不全症候群（エイズ）**（acquired immunodeficiency syndrome：AIDS）を発症します。

「エイズ」って，聞いたことがあります。昔，世界中で流行したと聞いたことがあります。有名なアーティストがエイズで亡くなったりしていますよね。
でも，こわい病気，ってうイメージが先行して，実際はどんな病気かあまりよくわかっていないですね。

そうですね。**HIVはヘルパーT細胞やマクロファージに感染します。そして，長い年月をかけて，免疫システムを破壊していくウイルスなのです。**

えっ！

HIVに感染すると，2～8週後に風邪のような症状があらわれます。この期間に，体内でウイルスが急激に増えます。しかし症状は自然に消え，それから数年～十数年は無症状の状態が続きます。

ずいぶん長期間ですね。症状もなくて元気なら，自分がHIVに感染しているなんて気づかないですよね。

そうです。検査をしない限り，自分が陽性かどうか知ることはできません。しかし，その間もウイルスは免疫細胞を破壊し続け，気づかないうちに免疫機能はどんどん落ちていくんです。

おそろしいですね……。

やがて，免疫システムがはたらかなくなり，全身の免疫不全を引きおこします。これが，後天性免疫不全症候群（エイズ）です。
免疫不全をおこすと，通常は毒性を発揮しないような病原体による感染症を引きおこします。このような感染症を**日和見感染**といいます。また，悪性腫瘍や神経障害といった，さまざまな症状があらわれます。
また，通常は死に至らないような病気にも抵抗することができず，症状が進んで死に至ってしまうことがあります。

エイズで亡くなるのは，ウイルスが直接の原因じゃなくて，免疫力が失われるせいでいろいろな病気に勝てなくなるからなんですね。冒頭で，「免疫がなければ，私たちはちょっとした風邪でも命を落としかねなくなる」とお聞きしましたけど，まさにその状態になってしまうわけですね。

その通りです。

HIVって，あらためてお聞きすると，おそろしいウイルスですね。いつごろ発見されたんですか？

きっかけは，1981年に，奇妙な症状を示す患者に関する論文が二つ発表されたことでした。一つは，「ロサンゼルスの男性同性愛者のあいだでカリニ肺炎とカンジダ症が流行している」という論文で，もう一つは，「ニューヨークの男性同性愛者のあいだでカリニ肺炎が流行している」というものでした。この論文がきっかけとなり，世界中からカリニ肺炎やカンジダ症，カポジ肉腫といった感染症にかかっている患者の報告があいついだのです。
専門医たちの調査の結果，これらが免疫不全による日和見感染症であることがわかり，「エイズ（後天性免疫不全症候群）」という病名がつけられたのです。

カリニ肺炎とかカンジダ症とかカポジ肉腫は，普通はかからないような感染症だったわけですね。

そうです。さらに翌1982年には，血液製剤を使用する血友病患者にも同様の症状が見られはじめました。そのころから，これらの日和見感染は，血液や体液を介して感染するウイルスが原因であると考えられはじめ，1983年，フランスのウイルス学者**ルーク・モンタニエ博士**（1922〜2022）らによってウイルスが発見され，3年後に「ヒト免疫不全ウイルス（HIV）」と名づけられたのです。

HIVウイルスは，血液や体液から感染するわけですね。
一体どんな構造をしているんですか？

HIVは，RNAウイルスです。RNAは円筒形のキャプシドで覆われており，それらをタンパク質の殻が覆っており，さらにその外側を脂質二重層から成るエンベロープが覆っています。

HIVの大きな特徴は，キャプシドの中に，RNAのほかにも**逆転写酵素**とよばれる酵素をもっていることです。

ぎゃくてんしゃこうそ？

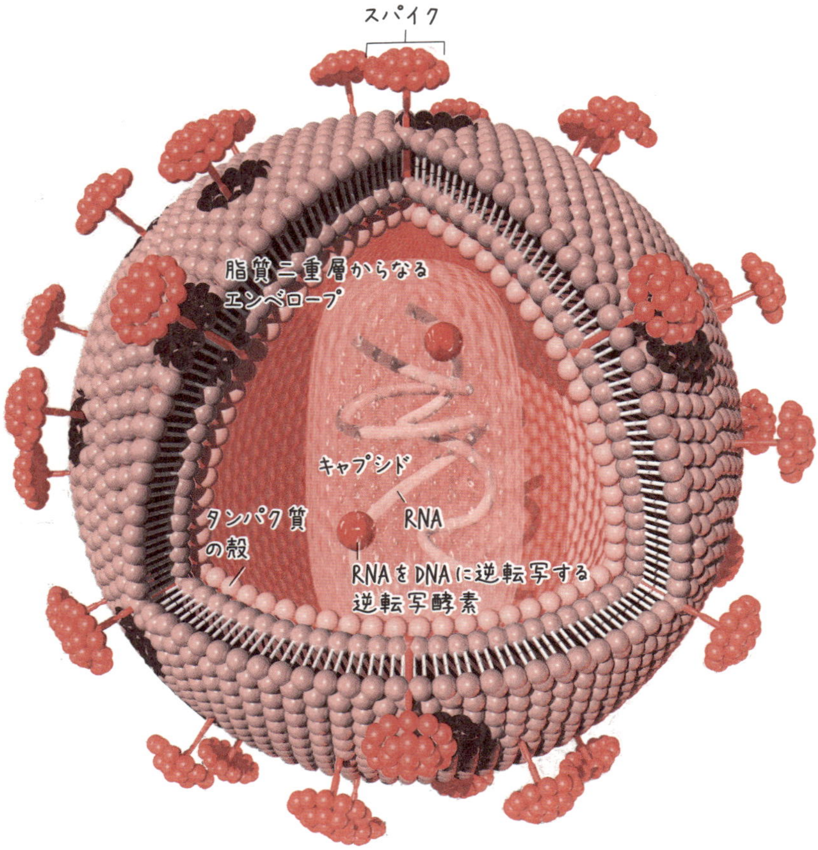

はい。通常の生物は，「RNAポリメラーゼ」という酵素によってDNAの情報をRNAに転写し，それを遺伝情報として利用しています。
これに対し，**逆転写酵素は，RNAの遺伝情報をDNAにつくり変えるはたらきをもっているのです。**
このような酵素をもつRNAウイルスを**レトロウイルス**といいます。**レトロウイルスは，正常な細胞に感染すると，逆転写酵素を用いて自分の本体であるRNAをDNAにつくり変え，そのDNAを宿主の細胞のDNAに組みこむのです。**

信じられないほど巧妙なしくみですね。

宿主の細胞のDNAに組みこまれたレトロウイルスは，宿主の細胞のDNAの一部として定着し，同じようにはたらきます。その結果，ウイルス性のタンパク質が生成されたり，遺伝物質がつくられたりしてしまうのです。

何というおそろしい……。

HIVが標的とするのは，細胞の表面に**CD4**（cluster of differentiation 4）とよばれるタンパク質をもつ，**CD4陽性Tリンパ球**とよばれるリンパ球です。CD4陽性Tリンパ球は，ヘルパーT細胞の一種で，免疫システムの司令塔としてはたらく細胞です。
HIVはこのリンパ球の中で大量のコピーをつくりだし，免疫システムの中心的役割をになうリンパ球を破壊していくのです。

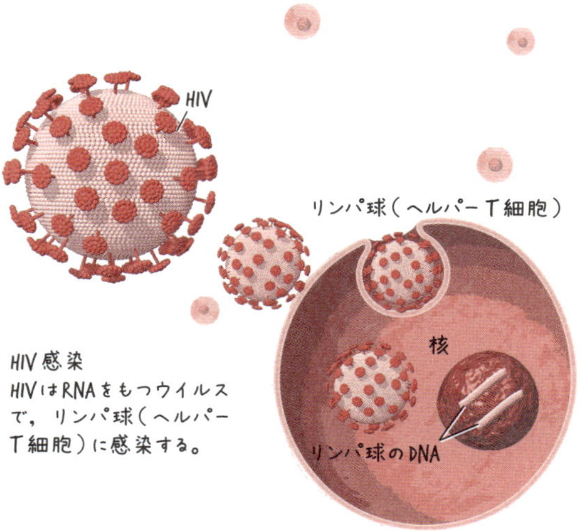

1 HIV感染
HIVはRNAをもつウイルスで，リンパ球（ヘルパーT細胞）に感染する。

2 リンパ球のDNAに組みこまれる
細胞の中にRNAが放出される。RNAは，DNAに変換されたのち，感染細胞のDNAに組みこまれる。

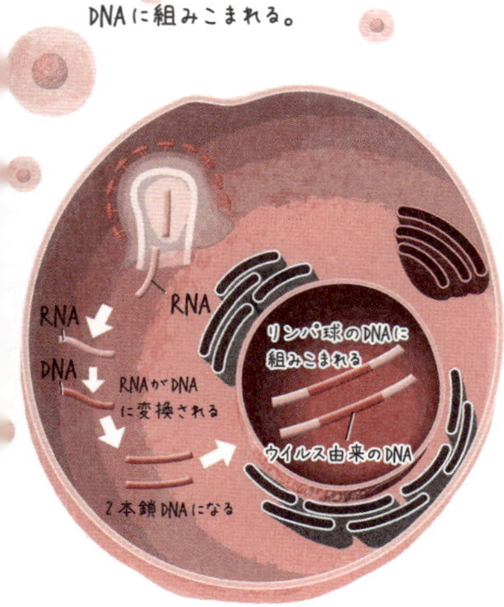

3 ウイルスが放出され，細胞が破壊
細胞内でウイルスの材料が大量に合成されて組み立てられ，大量のウイルスが放出される。放出した細胞はこわれて死んでしまう。

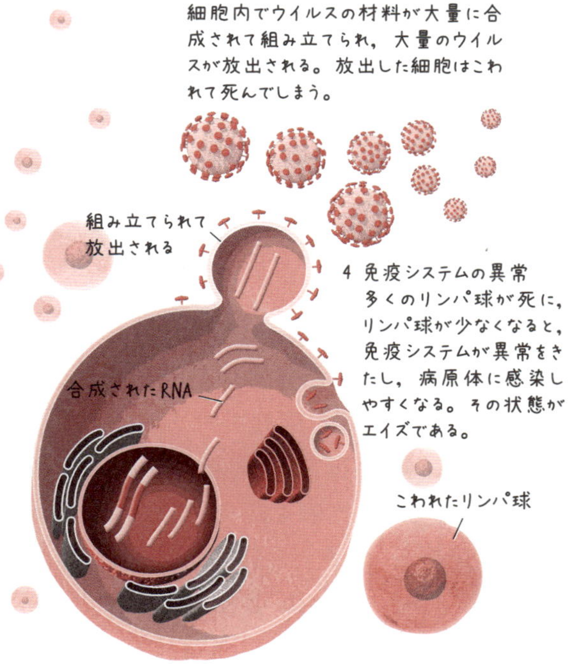

4 免疫システムの異常
多くのリンパ球が死に，リンパ球が少なくなると，免疫システムが異常をきたし，病原体に感染しやすくなる。その状態がエイズである。

サイトカインを出して味方を活性化したり，B細胞に抗体をつくらせたりする司令塔の免疫細胞が破壊されてしまったらおしまいですよね……。

通常，リンパ球はかなり長いあいだ生きていますが，HIVが感染したリンパ球はおよそ1日半ほどで死んでしまいます。

そんな……。治療薬はあるんでしょうか？

HIVを完全に除去することはむずかしく，根治できる薬はまだありません。しかし，現在はいろいろな薬剤が開発されていて，これらの薬を併用することで，HIVの量を減らし，免疫力を保持して，日常生活を送ることが可能になっています。
かつては「死の病」といわれていましたが，現在ではそんなことはなくなっています。

よかったです……。

エイズに対する治療は主に「逆転写酵素のはたらきを阻害する薬」と「HIVがもつタンパク質分解酵素を阻害する薬」を併用して進められます。また，「HIVの侵入を防ぐ薬」も開発されました。
現在では20種類をこえる抗HIV薬が認可されていて，日和見感染症をコントロールできるようになっています。

ワクチンはないのですか？

現在もなお，エイズワクチンの作製は実用化に至っていません。HIVは変異をおこしやすいという特徴をもち，またHIVの感染メカニズムが，まだ完全に解明されていないからです。
エイズは，「死の病気」ではなくなりましたが，発展途上国ではまだ治療を受けられない人も多く，ワクチンの開発が急務とされています。

RNAをDNAにつくり変えて正常な細胞のDNAに忍びこむって，衝撃でした。ウイルスとの戦いは終わりがないですね。

脅威の致死率，エボラウイルス病

1976年6月，スーダンのヌザラという町で，綿工場の倉庫番をしていた男性が，突然の発熱や頭痛，胸部痛，そして鼻口腔や消化管からの**出血**をおこし，死亡する事件が発生しました。その後，この患者や，新たに発生した2人の患者から接触感染が生じ，発病者合計が284人，うち151人が死亡する非常事態になったのです。

こわいですね……。

この病気は，当時まったく知られていなかったウイルスによる感染症でした。このウイルスは，最初の患者の出身地付近を流れる川の名にちなんで**エボラウイルス**と名づけられ，引きおこされる病名は**エボラ出血熱**とされました。

エボラ出血熱は聞いたことあります。アフリカでよく発生していて，最近でもときどき流行して，ニュースで報道されていますね。

そうですね。1976年以降2014年までを見ると，アフリカ大陸のサハラ砂漠以南を中心として，20回をこえる突発的発生がおきています。2013年末～2016年にかけて西アフリカ（ギニア，リベリア，シエラレオネ）で流行した際は，アメリカやスペインにも飛び火し，感染者は2万人をこえ，1万1000人にものぼる犠牲者が出ました。

そうでした！　ニュースで報道されていましたね。確か日本人にもアフリカ帰りで発熱した人がいて，大騒ぎになっていた記憶があります。

最近では，2022年9月～翌年1月にかけてアフリカのウガンダ共和国で6回目の流行がおきています。
エボラウイルスによる感染症は致死率が**90％**に達することもあり，このため，エボラウイルスは国際的な正式の取り決めである「最も危険な病原体」を意味する**レベル4**にランクされています。
ただし，必ずしもすべての感染者が出血するわけではないので，2010年からは**エボラウイルス病（EVD）**といわれるようになっています。

全身から出血するこわい病気だと思いこんでいましたが，そうではないんですね。

そうです。エボラウイルスに感染すると，まず，2～21日（通常5～10日）後に，発熱や筋肉痛，頭痛，のどの痛みなどが突然あらわれます。そして，初期症状に続いて嘔吐や下痢，発疹，腎臓や肝臓の機能障害がおきます。
この時期に，感染者のうち約15％に，歯茎や消化管での出血が見られます。最も多いのは消化管からの出血です。
さらに症状が進むと，呼吸器や循環器，肝臓，腎臓などの**多臓器不全**をおこし，死に至ります。
このように，出血症状をともなうことの多いウイルス性疾患は，**（ウイルス性）出血熱**と総称されます。

こわいですね。いったいどんなウイルスなんですか？

エボラウイルスはフィロウイルス科に属するRNAウイルスです。
フィロ＝糸状（filo）という名の通り，長いひも状やU字状，円形，ぜんまいの頭状など，多様で奇妙な形をしています。長径は80〜1000ナノメートルほどです。
RNAをキャプシドが覆い，さらにエンベロープが覆っています。また，RNAでは7種類のタンパク質を作ることができ，このタンパク質が，細胞内でのウイルスの増殖を助けることがわかっています。

エボラウイルス
エボラウイルスはフィロウイルス科に属するRNAウイルスである。長いひも状やU字状，円形，ぜんまいの頭状など，実に多様で奇妙な形をとる。長径は80〜1000ナノメートルほどである。

ミミズみたいに見えますけど，構造自体はほかのRNAウイルスと同じなんですね。

エボラウイルスが体内に入ると，まず自然免疫が対応します。第一部隊のマクロファージや樹状細胞ですね。エボラウイルスは，まずこれらの免疫細胞に感染します。**マクロファージや樹状細胞は移動能力をもつので，エボラウイルスはこれらの細胞とともに血液に乗って全身をまわり，免疫システムに関係する重要な臓器である脾臓や，体内の物質循環の中心をになう肝臓などの臓器の細胞に感染します。**

エボラウイルスはどこから，どうやって感染する？

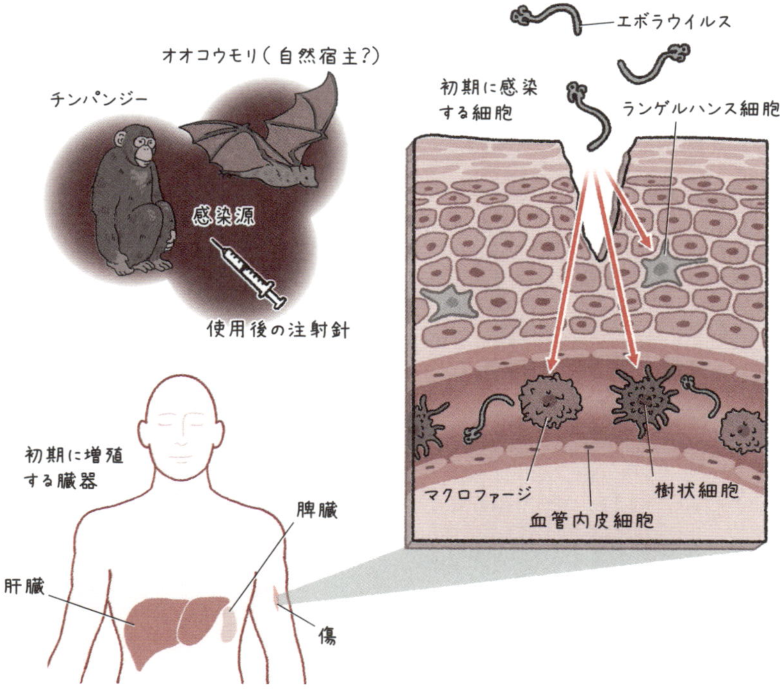

これも巧妙な作戦ですねえ！　血球を乗っ取って全身をまわり，主要な臓器を狙い撃ちするわけですか。

そうです。細胞に感染すると，細胞のしくみを利用しながら，自身の遺伝情報（RNA）をコピーし，急激に増殖するわけです。
エボラウイルスが急増することにより，人体に備わる免疫が過剰に反応するようになってしまいます。
たとえばウイルスに感染したマクロファージは，血液を凝固させる反応を引きおこす血中因子を過剰に出すようになります。すると，全身で無秩序に血液の凝固反応がおきます。全身の血管に，本来は出血を止めるためにはたらく血栓が大量に放出される状態になるんです。

体中の血管に血栓!?

すると今度はその血栓を溶かそうと，血液の凝固を制御する因子が大量に分泌されることになります。こうした反応が全身で無秩序におきてしまうのです。

大変なことになってしまうんですね。

これが体中でおきると，血栓の材料となる血小板などの物質が不足し，ふつうに血管内を流れている血液が出血しやすい状態になります。また，凝固反応もますます活発になり，血液の凝固を制御する物質も分泌され続けて血栓を溶かします。その結果，出血傾向におちいるというわけです。

さらに，血管をかたちづくる「内皮細胞」という細胞も感染するため，血管がこわれて血液がもれやすくなってしまうのです。

だから出血するわけですか。いわば，免疫反応が“オーバーリアクション”状態になって，多臓器不全をもたらしてしまうんですね。
おそろしいなぁ……。先生，エボラウイルスは，いったいどこから来たんですか？

現在では，熱帯雨林などに生息するオオコウモリ科の**オオコウモリ**などが**自然宿主**ではないかと考えられています。
自然宿主とは，もともとウイルスを体内にもっていて，ウイルスと共存している生物のことをいいます。

コウモリ!?

はい。また，同じフィロウイルス科の仲間である**マールブルグウイルス**による出血熱も，洞窟に住むコウモリが関係していると考えられており，エボラ出血熱の流行が見られた地域の山中や建物にも，たくさんのコウモリがいたことがわかっています。
また，現地にはオオコウモリを含む，野生動物を食する習慣があります。

うーむ。日本ではコウモリに触れることはめったにないのでピンと来ませんが……。

現在，エボラウイルスの感染源は，自然宿主と疑われているオオコウモリのほか，感染した霊長類の野生動物の体液（血液，吐瀉物，唾液，糞尿など）が考えられています。ただし，エボラウイルスがどのように運ばれてきたのか，最終的な結論はまだ出ていません。

エボラウイルス病の治療薬やワクチンはあるのですか？

残念ながら，特別な治療法はなく，現在は症状を軽減するための対症療法が基本です。できるだけ早期の治療が延命につながるため，発症が疑われた場合はただちに医療機関にかかることが重要です。
また，ウイルスの宿主が特定できていないため，有効なワクチンもまだ存在しません。
ただし，エボラウイルスには五つの系統があり（ザイール株，スーダン株，ブンディブギョ株，タイフォレスト株，レストンリ株），そのうちのザイール株に有効なワクチンがあり，アメリカでのみ承認されています。

ではもう，基本は日常で予防するしかないのですね。

そうですね。感染が疑われる人や，感染して死亡した人との接触はできる限り避けること，また，動物（コウモリや霊長類）の死体に近づいたり触れたりしないことが基本です。

感染症は，その国の食文化や環境で大きく変わってくるんですね。

アフリカ特有のウイルスとはいえ，今は世界中を行き来できますから，それが日本に上陸すれば，日本でだって流行する可能性がありますよね！

その通りです。**しかし，エボラウイルスはコロナウイルスやインフルエンザとちがって，空気感染はしません。もし感染者が出たとしても，直接の接触を避けることで，感染リスクはおさえることができます。**

そうなんですね。ちょっと焦ってしまいました。予防のポイントをおさえておくことが大事ですね……。

出血熱をおこす，さまざまなウイルス

エボラウイルス
太さ80ナノメートルのひも状。長さは1000ナノメートル（1マイクロメートル）になることがある。宿主としてオオコウモリが疑われている。
発生地域：ギニア，リベリア，シエラレオネ

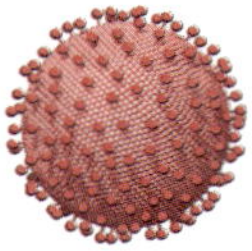

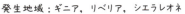

ラッサウイルス
「ラッサ熱」の病原体。直径120ナノメートル前後。宿主はネズミ（マストミス属）。潜伏期間は7～18日。突然の39～41℃の高熱や倦怠感から，関節や腰の痛み，咳，そして下痢や消化管での出血へと進行する。抗ウイルス薬の早期投与が有効。
発生地域：中央～西アフリカで年間10～30万人が感染していると推定される。

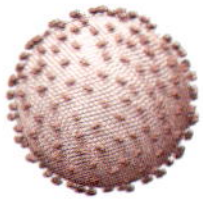

クリミア・コンゴ出血熱ウイルス
「クリミア・コンゴ出血熱」の病原体。直径100ナノメートル前後。主な宿主はマダニと哺乳動物。潜伏期間は2～9日。発熱，頭や筋肉，関節の痛みなど。重症化すると全身で出血が見られることがある。致死率10～40％。
発生地域：アフリカ大陸や東ヨーロッパ，中近東，中国など。

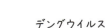

デングウイルス
「デング熱」の病原体。直径50ナノメートル程度。主にヤブカの一種（ネッタイシマカ）が媒介する。
発生地域：東南アジアから中南米。

新ウイルス出現の脅威

先生，免疫システムはすごいですけど，ウイルスが感染するメカニズムには驚きました。それに，まだ薬剤やワクチンで対応できないウイルスもたくさんあるんですね。

そうなのです。ご紹介したウイルスのうち，C型肝炎ウイルスやHIV，エボラウイルスは，**エマージング・ウイルス**（emerging and re-emerging infectious diseases）とよばれています。

エマージング・ウイルス？

「emerge」とは，「出現する」という意味で，日本では**新興・再興感染症**といわれています。

新興・再興感染症とは，未知のウイルスによる感染症および，過去に沈静化された感染症が，環境やウイルスの変異によってふたたび出現した感染症をいいます。

ポイント！

エマージング・ウイルス（新興・再興感染症）

未知のウイルスによる感染症および，過去に沈静化された感染症が，環境やウイルスの変異によってふたたび出現したもの。

この言葉がはじめて登場したのは1992年のことです。当時**CDC**（アメリカ疾病予防管理センター）のセンター長だった**デイビッド・サッチャー博士**は，過去20年ほどのあいだに新しく出現，または再出現した感染症が多くあり，それらの感染症に対してもっときちんと対応すべきだと主張しました。そして1994年には，CDCとWHO（世界保健機関）は，新興・再興感染症発症の危険性を，世界各国にむけて警告したのです。

そのころ，新興・再興感染症が増えていたんですね。

そうです。こうして，新たに出現したウイルスは「エマージング・ウイルス」という総称でよばれるようになりました。現在からさかのぼると，この30年あまりに出現したエマージング・ウイルスは，主なものだけでも20種類以上あることが明らかになっています。
2019年には，新型コロナウイルス（COVID-19）も登場しました。

ほぼ毎年，新しいウイルスが出てくるペースだと考えると，すごい頻度ですね。

次のページのイラストは，現在出現しているエマージング・ウイルスを図であらわしたものです。
ここでご紹介した以外に，深刻な病気を引きおこすエマージング・ウイルスが多数出現していることがわかるでしょう。

うわっ，こんなにあるんですね。

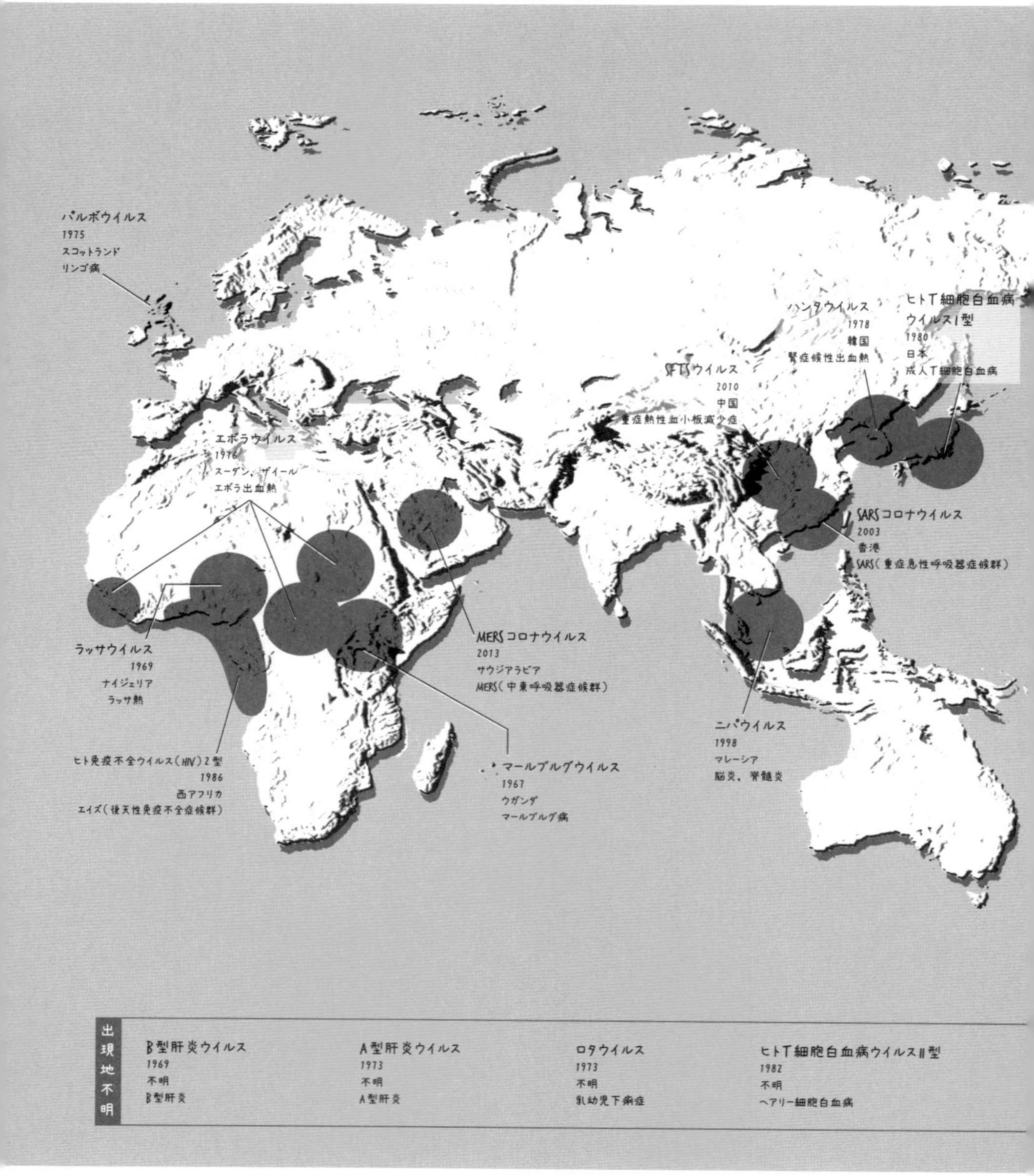

出現地不明

B型肝炎ウイルス	A型肝炎ウイルス	ロタウイルス	ヒトT細胞白血病ウイルスII型
1969	1973	1973	1982
不明	不明	不明	不明
B型肝炎	A型肝炎	乳幼児下痢症	ヘアリー細胞白血病

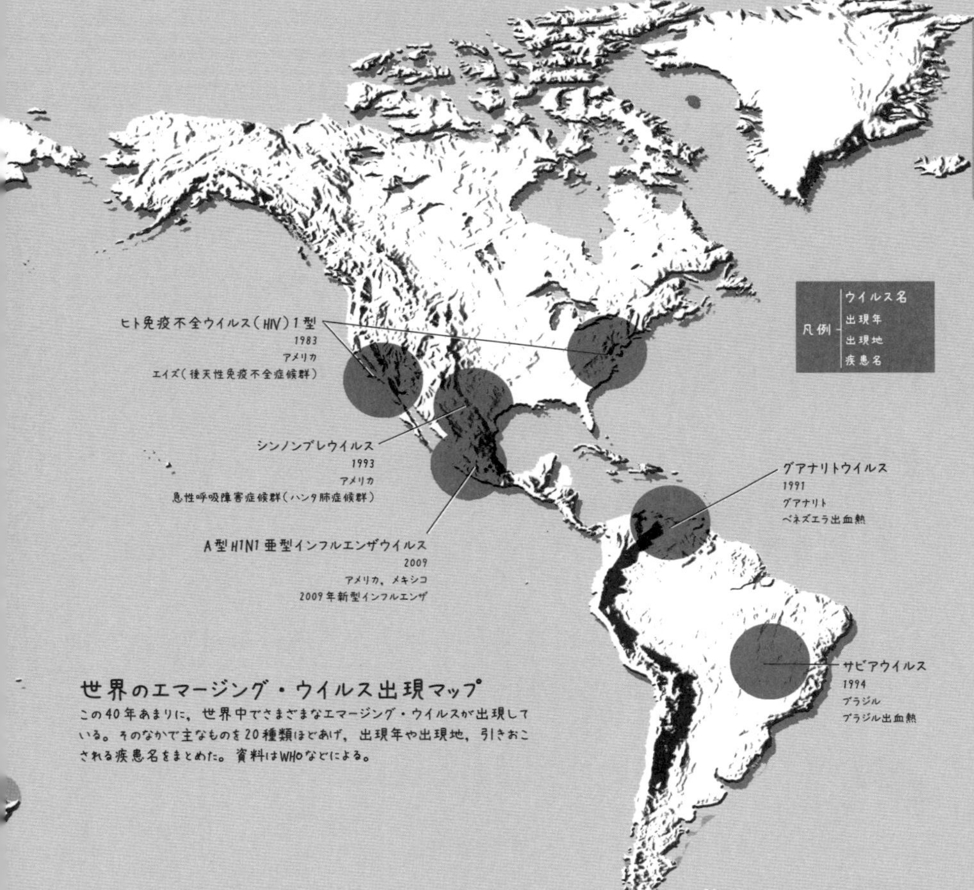

世界のエマージング・ウイルス出現マップ

この40年あまりに、世界中でさまざまなエマージング・ウイルスが出現している。そのなかで主なものを20種類ほどあげ、出現年や出現地、引きおこされる疾患名をまとめた。資料はWHOなどによる。

ヒトヘルペスウイルス6型 1988 不明 突発性発疹	E型肝炎ウイルス 1988 不明 E型肝炎	C型肝炎ウイルス 1989 不明 C型肝炎

先生，こんなにたくさんのエマージング・ウイルスがあらわれるのには，何か原因があるんですか？

はじめにお話ししたように，人類は古くから，ウイルスや細菌による数多くの感染症に悩まされてきました。
しかし，20世紀に入ると，細菌の増殖をおさえる**抗生物質**の発明により，細菌による感染症は激減しました。
さらに，**予防接種**の開発によって，ウイルス性感染症の予防が可能になりました。1980年には，WHOが天然痘ウイルスの根絶宣言もおこなっています。

天然痘ウイルス？

はい。天然痘は，大昔から人類を悩ませていた天然痘ウイルスによる感染症です。しかし，世界的なワクチン接種計画が実行された結果，天然痘ウイルスの撲滅に成功したのです。
こうしたことから一時期，感染症の脅威は薬剤やワクチンで対抗できると認識されるようになったのです。

なるほど……。ところがそうではなかったということですか。

はい。**ウイルスは変異が早く，薬剤やワクチンが効かないものがすぐにあらわれるのです。**

えっ!?

また，エマージング・ウイルスはもともと，熱帯地域の森林に生息するサルやネズミ，コウモリなどを自然宿主にしていたと考えられています。
ところが，人口増加にともない，農地の拡大や資材の確保のため，熱帯雨林の大規模な伐採が進みました。その結果，私たちは森林の奥深くに封印されていたウイルスに遭遇することになってしまったのです。

ウイルスのほうからやってきたわけではなくて，むしろその逆なのか……。

その通りです。また，今は航空機などでウイルスが世界中へ運ばれてしまう時代です。新型コロナウイルスが世界中で猛威をふるったように，遠い国で出現したエマージング・ウイルスが，日本はもちろん世界各国で出現する可能性はじゅうぶんにありえます。

そうですね。

環境破壊による生態系の変化が続く限り，人類とウイルスとの戦いは続かざるをえません。しかもウイルスは非常に多様で，適応力が強いため，生態変化に合わせて変異してしまいます。
その変異が，必ずしも病気を引きおこす方向に進むわけではありませんが，今後，ウイルスをめぐる問題はより多くなると考えられています。

近代文明が，未知のウイルスをよび覚ましてしまったようなものなのですね。
そして，人間がどんなに有効なワクチンを開発しても，ウイルスのほうもまた，変異して，生き残ろうとするわけですね。

そうです。**感染後も体内に潜伏し続けるウイルスや，ヒト以外にも宿主をもつウイルスの場合，根絶の可能性は低いと考えられています。**
ウイルスは地球上に生命が誕生したときから存在していると考えられています。**ある意味でウイルスは，人間にとって，生物進化のパートナーと考えることもできます。ですから，むやみにおそれるのではなく，正しい知識を身につけることが大切です。**

1971年以降に新たに確認された主な動物由来感染症

ヒト感染が確認された年	疾患名	発生した国・地域
1970	サル痘 2022年5月，2024年8月にWHOによってPHEIC発布（緊急事態宣言）。	コンゴ民主共和国
1972	カンピロバクター感染症	さまざまな国・地域
1976	エボラ出血熱	スーダン，コンゴ民主共和国
1976	クリプトスポリジウム症	さまざまな国・地域
1981	後天性免疫不全症候群（AIDS）	アメリカ
1982	腸管出血性大腸菌感染症	アメリカ
1983	E型肝炎	さまざまな国・地域
1983	ライム病	さまざまな国・地域
1984	日本紅斑熱	日本
1989	ベネズエラ出血熱	ベネズエラ
1990	ブラジル出血熱	ブラジル
1992	猫ひっかき病	さまざまな国・地域
1993	ハンタウイルス肺症候群	アメリカ
1994	ヘンドラウイルス感染症	オーストラリア
1997	鳥インフルエンザ（H5N1）	香港
1999	ニパウイルス感染症	マレーシア
2002	重症急性呼吸器症候群（SARS）	中国
2006	重症熱性血小板減少症候群（SFTS）	中国
2012	中東呼吸器症候群（MERS）	サウジアラビア
2013	鳥インフルエンザ（H7N9）	中国
2019	新型コロナウイルス感染症（COVID-19）	中国

（出典：国立感染症研究所の資料をもとに作成）

ウイルス増殖を妨害！「抗ウイルス薬」

ここで，ウイルスに対抗する**抗ウイルス薬**についてもお話ししましょう。
代表的な感染症には，細菌性かウイルス性があり，細胞に感染して増えるしくみは，ウイルスと細菌とではまったくことなるため，それぞれ薬を使い分ける必要があります。
細菌性の場合，**抗生物質（抗菌薬）**，ウイルス性の場合は**抗ウイルス薬**のほか，最近では**中和抗体薬**といった新しい薬も開発されています。

いろいろあるんですね。でもそれぞれの薬のちがいについてあまりよくわかっていなかったかも……。

簡単にいうと，抗生物質（抗菌薬）は，細菌が分裂して増殖するしくみを邪魔することで，細菌の増殖をおさえる薬です。抗ウイルス薬は，ウイルスが細胞内で増殖するしくみを邪魔することで，ウイルスの増殖をおさえます。
中和抗体薬は，ウイルスのスパイクに取りついて，毒性を中和します。

ふむふむ。あくまでも病原体を殺すわけではなくて，増殖をおさえるものなんですね。

そうです。ここではまず，抗ウイルス薬についてお話ししましょう。抗生物質についてはSTEP2でお話ししますね。

ポイント！

抗生物質（抗菌薬）……

細菌が分裂して増殖するしくみを邪魔することで，細菌の増殖をおさえる。

- 抗生物質：自然界の細菌や真菌の成分を用いたもの。
- 抗菌剤：化学的に合成されたものも含まれる。抗生物質は抗菌剤の一種。

抗ウイルス薬……

ウイルスが細胞内で増殖するしくみを邪魔することで，ウイルスの増殖をおさえる。

中和抗体薬……

ウイルスの毒性を中和して増殖をおさえる。

お願いします。

抗ウイルス薬は，ウイルスのはたらきを阻害するものです。ウイルスごとに感染するしくみはことなりますから，抗ウイルス薬も，それぞれのウイルスのはたらきに対応する抗ウイルス薬を飲む必要があります。
そのため，ウイルス感染症を発症した場合，病院でどのウイルスに感染しているかを調べる必要があります。

抗ウイルス薬は，すべてのウイルスに共通して効果があるわけではないんですね。

そうです。たとえば，インフルエンザにかかると「タミフル」や「リレンザ」が処方されます。これらは，インフルエンザウイルスに対応した抗ウイルス薬ですから，インフルエンザ以外のウイルスには効果がありません。

なるほど……。ということは，それぞれのウイルスごとに効果がある抗ウイルス薬を，一つ一つ開発する必要があるというわけですね。

そうです。そのため，まだ効果的な薬が存在しないウイルスもたくさんあります。
とはいえ，薬の開発も日進月歩で，身近なところでは2010年に，日本では新しいインフルエンザ治療薬**イナビル**が登場しています。タミフル，リレンザなどに加えて治療の選択肢が増えました。
また，エイズについても，生涯にわたって服用する必要があるものの，複数の薬を組み合わせることで，通常の生活を送ることが可能になっています。

希望がもてますね！

とはいえ，やはり，感染した細胞から完全にウイルスを駆除することは非常にむずかしいのです。
その理由の一つは，ウイルスは人の細胞のシステムをたくみに利用しているため，正常な細胞を傷つけずにウイルスだけをねらい撃ちすることがむずかしいためです。

細胞の遺伝情報を使って，その細胞になりすまして増殖するんでしたね……。確かにむずかしいですね。

ウイルスごとに，薬を開発する必要がある

抗ウイルス薬の多くは，ウイルスの増殖する過程を邪魔することで，症状をおさえる。ウイルスごとに増殖のしくみがことなるため，抗ウイルス薬はそれぞれのウイルスごとに開発される。下に代表的な抗ウイルス薬と，それぞれの薬が邪魔する，増殖の過程をまとめた。

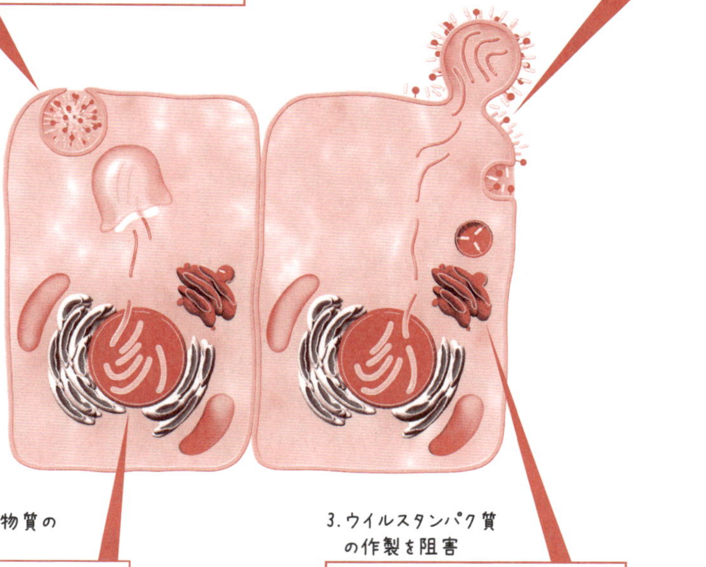

また，もう一つは，ウイルスがどんどん進化しているからです。ウイルスはその構造を微妙に変化させることで，日々進化しています。インフルエンザワクチンを毎年接種する必要があるのは，これらの変化に対応するためです。また，せっかく抗ウイルス薬を開発しても，ウイルスが進化したことで効果がなくなる場合もあるのです。

何年もかけて開発したのに，それが効かなくなるなんてつらいですね。

そうですね。
また，薬を使う場合は，用法の意味をよく理解して服用することが大事です。たとえばインフルエンザ治療薬の場合，感染から48時間以内に服用する必要があります。これは，48時間以内に服用しないとウイルスが大量につくられてしまうからです。ですから，48時間をこえてから服用しても効果はありません。

抗ウイルス薬の開発はむずかしいんですね……。

感染症を予防「ワクチン」

さて，最後に，感染症には欠かすことができないワクチンについても，あらためてご説明しておきましょう。
ウイルスや細菌による感染症を予防する方法の一つが，ワクチン接種（予防接種）です。**「ワクチン」とは，毒性を弱くした病原体や病原体の成分を指します。それらを接種することで，免疫システムの準備が整えられ，実際の病原体が体に侵入した際にスムーズに免疫システムがはたらいて，症状をやわらげることができます。**

新型コロナウイルスのパンデミックのときは，とにかく一刻も早くワクチンを！　という状況で，ワクチンさえあれば助かる！　という空気でした。
でも正直，ワクチンって，具体的にどんなふうに作用するのか，あまり深くわかっていなかったかもしれないです。

ではあらためて，ワクチンが実際にどのように効果を発揮するのか，インフルエンザワクチンを例に解説しましょう。
まず，インフルエンザワクチンを注射（接種）すると，体中でワクチンの有効成分（HAやNAとよばれるタンパク質）に対する免疫反応がおきます。ワクチンの成分を“敵”と認識し，体内の免疫細胞が攻撃を開始するんですね。
そして，この攻撃に参加した免疫細胞の一部は，戦いが終わった後も「記憶細胞」として体内に残ります。この記憶細胞をつくることが，ワクチンの大きな目的なんです。

T細胞やB細胞が記憶するしくみを利用するわけですね。

そうです。その後，本当のインフルエンザウイルスが侵入してきたとき，ウイルスは，ワクチンと同じ構造（HAやNA）をもっているため，記憶細胞がウイルスを敵だと即座に判断し，すばやく攻撃をはじめることができます。
つまり，ワクチンを打たない場合よりも早く攻撃をおこなうことが可能になるんですね。その結果，病気の症状を軽くすることができるというわけです。
ただし，ワクチンはあくまでも**予防**が中心です。また，抗ウイルス薬と同様，それぞれの病原体によって種類がことなります。

なるほど。ワクチンも，根治ではなくて，基本的には「予防」が目的なんですね。

ポイント！

ワクチン

弱毒化した病原体や，病原体の成分。それらを接種することで，免疫システムの準備が整えられ，実際の病原体が体に侵入した際にスムーズに免疫システムがはたらき，重症化を防ぐことができる。

インフルエンザワクチンの効き方は？

ワクチンを接種すると，免疫細胞がはたらき，記憶細胞ができる（図の上）。実際に病原体が侵入すると，記憶細胞が活躍する（図の下）。

インフルエンザHAワクチン

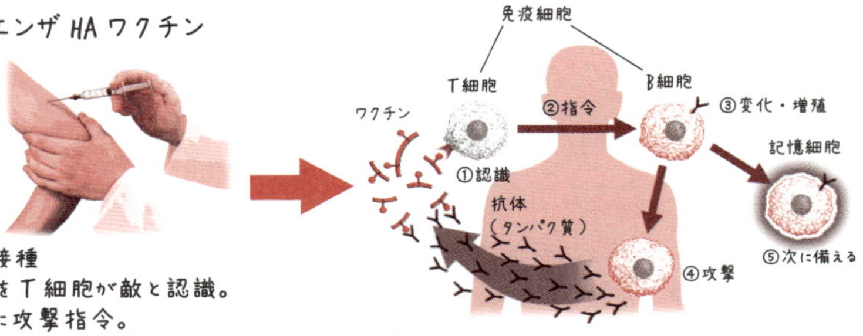

ワクチンを接種
①ワクチンをT細胞が敵と認識。
②B細胞に攻撃指令。
③B細胞がワクチンに対する抗体をつくるように変化・増殖。
④大部分が抗体を放出して攻撃へ。
⑤一部記憶細胞として残る。

インフルエンザウイルス

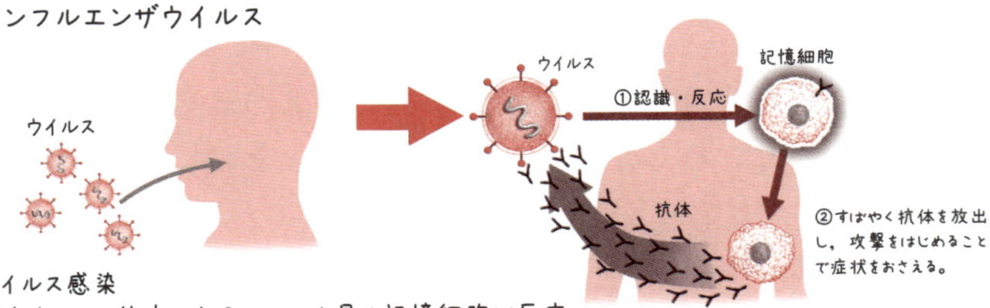

ウイルス感染
①ウイルスが体内に入ると，いち早く記憶細胞が反応。
②抗体を放出して，攻撃へ。

そうです。
また，毒性は弱いとはいえ病原体の一部を体に入れることになりますから，発熱したり腕が腫れるといった**副反応（副作用）**がおきることもあります。
現在は副反応がおこらないように改良されてきていますが，基本的に副反応のないワクチンは存在しません。

副反応もちょっと心配ですよね。

現在，さまざまなワクチンが開発されており，日本では現在，**生ワクチン**と**不活化ワクチン**の２種類が用いられています。

これらはどのようなちがいがあるんですか？

生ワクチンとは，病気の原因となる病原体をそのまま使用する方法です。病原体を，何度も培養をくりかえすことで弱毒化し，ワクチンとして用います。風疹・麻疹ワクチン（MRワクチン）やポリオワクチン（旧・生ワクチン）がこれにあたります。

ふむふむ。

それに対して，**不活化ワクチンとは，薬品で病原体を殺したりこわしたり，一部の構造だけを取りだしたりしたものです。**
インフルエンザワクチンや日本脳炎ワクチン，B型肝炎，A型肝炎ワクチンがこれにあたります。
ほかに，病原体から放出される毒素を無毒化した**トキソイド**も不活化ワクチンに含まれます。
たとえば，破傷風は，破傷風菌が増殖する過程で出す毒素によって発症します。その毒素は最強の猛毒の一つといわれていて，神経に作用し，病状が進むと全身がけいれんして死に至ります。このように，毒素が病気の原因となるものは，その毒素を薬剤などで無毒化し，ワクチンとして使用するのです。

ワクチンにもいろいろな種類があるんですね。

そうですね。**生ワクチンのほうが予防の効果が高いですが，副反応がおきやすいとされます。**
特に生ポリオワクチンの効果は大きく，現在ポリオ患者がほとんどいなくなったため，2012年に，副反応のない不活化ワクチンに切り替わっています。
一方，**不活化ワクチンは安全性は高いものの，効果は弱いため，効果を得るためには複数回の接種が必要で，数年おきに追加の接種が必要です。**

ポイント！

生ワクチン……
病気の原因となる病原体を，何度も培養をくりかえすことで弱毒化したもの。
予防の効果が高いが，副反応がおきやすい（風疹・麻疹ワクチン，ポリオワクチンなど）。

不活化ワクチン……
薬品で病原体を殺したりこわしたり，一部の構造だけを取りだしたりしたもの。病原体から放出される毒素を無毒化したトキソイドも含まれる。安全性は高いが効果は弱いため，複数回接種と，数年ごとの追加接種が必要（インフルエンザワクチン，日本脳炎ワクチン，B型肝炎，A型肝炎ワクチンなど）。

なるほど……。先生，前から気になっていたのですが，ワクチンはどうやってつくられているんですか？

ワクチンはまず，病原体を増やすことからはじまります。細菌は自分で細胞分裂して増殖しますが，ウイルスは細胞をもたないため，増殖するための“生きた細胞”を用意する必要があります。

ウイルスは生きた細胞に感染して増殖するんですもんね。

そうです。増殖するための生きた細胞として，たとえばインフルエンザワクチンでは，ニワトリの有精卵が使われていました。まず有精卵を温めて，卵内の胚を育ててから，卵の中にインフルエンザウイルス液を注入し，48～72時間ほどかけてウイルスを培養します。培養したウイルスを取りだし，濃縮して卵由来の成分を取り除いたのち，薬品処理をほどこしてウイルスの感染性を失わせ，精製します。

そうやってできていたなんて知りませんでした……。

ウイルスによって増殖しやすい環境はことなるため，ウイルスに合わせた培養方法が開発されています。
ただし，現在では，有精卵などの生体材料にかわり，培養細胞を使った製造方法が開発されています。
たとえば新型インフルエンザが発生し，ワクチンの急な増産が必要になった場合，生体材料を急に増やすことはできませんが，培養細胞であれば対応が可能です。

「ワクチンが足りない！」という状況を回避できるわけですね。

そうですね。また，新しいワクチンの開発も進んでいます。たとえば現状のインフルエンザワクチンでは，重症化を防げても，感染を防ぐことはできません。そこで，ウイルスが気道粘膜に吸着した際に主にはたらく特殊な免疫（IgAという抗体がはたらく免疫）を誘導するワクチンの開発も進められています。これは，鼻の中にスプレーするタイプのワクチン（経鼻ワクチン）で，実現すれば，インフルエンザの感染そのものを防ぐことが可能になるといいます。

それはいいですね！

また，インフルエンザウイルスは表面の構造（HAとNAの種類。亜型という）が変化しやすく，その亜型にあったワクチンをつくらないと効果がありません。現在のところ，毎年流行する亜型を数種類予測してワクチンが製造されていますが，予測がはずれることもあります。そのため，あらゆる型に効果があるワクチン開発が待ち望まれています。

いろいろな開発が進んでいるんですね。

また，がんを引きおこすウイルスに対しても，ワクチン接種は有効です。たとえば，**子宮頸がん**をひきおこす「ヒトパピローマウイルス」に対するワクチンが実用化されています。

国立感染研究所の計算によると，12歳の女子全員に予防接種をおこなった場合，子宮頸がんの罹患率・死亡率が約70％減少するといいます。

70％の減少!? 高い減少率ですね。

ただしヒトパピローマウイルスには複数のタイプがあり，予防接種を受けてもすべてのタイプのウイルス感染を防ぐというわけではありません。そのため，接種を受ければ子宮頸がんに絶対にならないというわけではないのです。

なるほど。

また，肝炎を引きおこすB型肝炎ウイルスのワクチンも開発され，主に，感染している母から子への母子感染を防ぐために使用されています。慢性肝炎から肝硬変へ進行すると，肝がんへと移行することが多いとされます。

うーむ。ワクチンも抗ウイルス薬も，ターゲットになるウイルス個別のものでしか対応できないわけですね。ウイルスは多いし，開発にものすごく時間がかかりそうですが，がんが防げるワクチンなんて，大きな希望ですね！

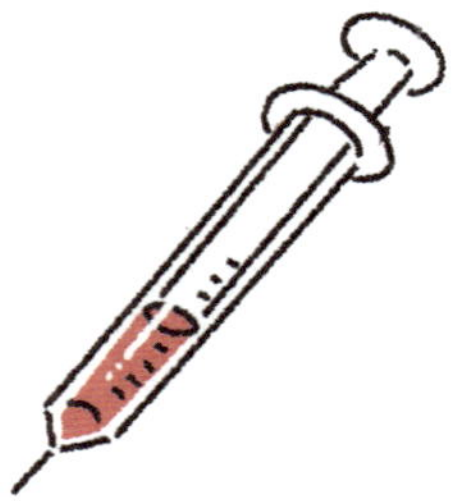

日本で接種されるワクチン（代表的なもの）

区分	ワクチン	種類	培養に用いる環境の例	原則的な合計接種回数
定期	BCG（結核）	生	培地	1回
定期	DPT-IPV（四種混合）※1	不活化	培地	4回
定期	MR（麻疹・風疹）	生	ニワトリやウサギの細胞	2回
定期	日本脳炎	不活化	マウス脳やサルの細胞	4回
定期	Hib	不活化	培地	4回
定期	肺炎球菌※2	不活化	培地	4回
定期	HPV（ヒトパピローマ）	不活化	培地	3回
任意	おたふくかぜ	生	ニワトリの細胞	2回
任意	水痘（水ぼうそう）	生	ヒト由来の細胞	2回
任意※3	インフルエンザ	不活化	ニワトリ有精卵	毎年1～2回※4
任意※3	肺炎球菌（23価多糖体）	不活化	培地	1回
任意	B型肝炎	不活化	酵母	3回
任意	A型肝炎	不活化	サルの細胞	3回
任意	ロタウイルス	生	Vero細胞（アフリカミドリザル由来）	2～3回
任意	ポリオ	生	Vero細胞（アフリカミドリザル由来）	2回

※1：DPT-IPV（四種混合：ジフテリア，百日咳，破傷風，不活化ポリオ）は2012年から定期接種。ポリオ生ワクチンは，2012年から定期接種からはずれた。

※2：以前は，7種類の肺炎球菌に対応するワクチンが使用されていたが，2013年11月1日から，13種類の肺炎球菌に対応するワクチン「沈降13価肺炎球菌結合型ワクチン」が定期接種に導入されることとなった。

※3：65歳以上の高齢者と，60～64歳で心臓や腎臓，呼吸器系などの病気をわずらっている人は定期接種。

※4：13歳未満は毎年2回，13歳以上は毎年1～2回

STEP 2

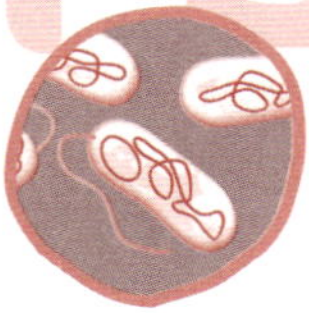

病気を引きおこすさまざまな微生物

ウイルスとともに,「細菌」もさまざまな感染症を引きおこします。細菌はどのように感染していくのでしょうか。また,近年,薬剤に耐性をもつ細菌の出現も問題になっています。

現在確認されている細菌の種類は,全体の約1割

ウイルスに続いて,STEP2では主に**細菌**による感染症について,私たちが耳にしたことがあるものの中から数例をご紹介しましょう。

お願いします。細菌もすごく種類が多そうですね。

そうですね。細菌は,現在**約1万種**の細菌が確認されています。しかし,未発見のものを含めると,自然界には**100万種**をこえる細菌が存在していると推測されています。

100万種〜!? 現在確認されている細胞は,細菌の中の1割ほどなんですね……。

そうなんです。生物の種類は大きく**細菌(バクテリア)**,**アーキア(古細胞)**,**真核生物(ヒト,植物など)**に分かれます。

このことからもわかるように，**細菌はヒトと同じように，自然界の中で巨大な生態系をつくって存在しているんです。**

ふわぁ〜。細菌の世界も深いですね……。

そうです。そして，私たちの体の中にも数多くの細菌が住んでいます。このように，体内に存在して害をおよぼさない細菌は**常在菌**といいます。
たとえばヒトの細胞の数は30兆個といわれています。それに対して常在菌の数は40〜1000兆個といわれています。

40〜1000兆個!? 細胞の数より細菌の数の方が多いなんて知りませんでした！

驚いたでしょう。たとえば皮膚には1兆個の常在菌が存在しています。皮膚は外界と接しているため，微生物が侵入しやすく，感染症がおきやすいように見えますが，皮膚に住む常在菌が微生物の定住をはばむため，なかなか感染には至らないのです。

常在菌がバリア機能をはたしてくれているんですね。

そうです。また，体内の各器官の細胞には，異物を排出する機能が備わっているので，たいていの異物は排除されてしまいます。
たとえば，外界から侵入した微生物は，まず上気道でとらえられます。

しかし，気道の表面にある細胞が**粘液**を分泌し，微生物をとらえ，細胞の表面の**線毛**という微細な毛が，粘液でとらえた微生物を押し戻しながら，くしゃみや咳によって外に出すのです。もちろん，自然免疫もはたらきます。

なるほど……。

ところが，細菌の中には，何らかの変異によって，病原性をもつものが誕生してしまうことがあります。病原性をもつ細菌は**病原性細菌**といいます。
病原性細菌は，たいていは免疫や常在菌のはたらきで排除されます。しかし，病気で体が弱っていたり，高齢であったりすると，病原性細菌が防衛機構を突破してしまうことがあります。
はじめにお話ししたように，細菌は単細胞生物で，栄養分と環境さえ整えば，自分で細胞分裂してどんどん増殖していきます。

そこがウイルスとちがうところですね。

そうです。こうして，細菌に感染した器官が炎症をおこし，感染症が発症するのです。

細菌の体の中

細胞を囲う細胞壁や膜の厚みなどの構造のちがいによって，大きく「グラム陽性菌」と「グラム陰性菌」に分かれる。

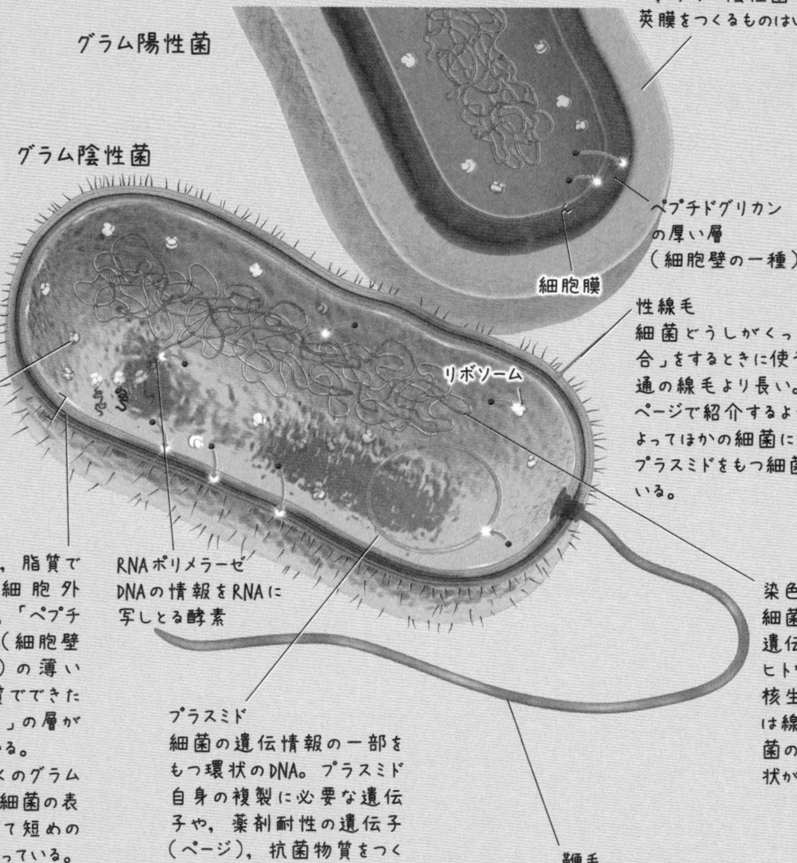

莢膜
多糖を主成分とするゲル状の膜。イラストでは，グラム陽性菌にのみえがいたが，グラム陰性菌の中にも莢膜をつくるものはいる。

ペプチドグリカンの厚い層
（細胞壁の一種）

性線毛
細菌どうしがくっつきあう「接合」をするときに使う線毛で，普通の線毛より長い。性線毛は，ページで紹介するように，接合によってほかの細菌に伝達されうるプラスミドをもつ細菌のみがもっている。

リボソーム
タンパク質の合成装置

外側から，脂質でできた「細胞外膜」の層，「ペプチドグリン」（細胞壁の一種）の薄い層，脂質でできた「細胞膜」の層が重なっている。
さらに多くのグラム性菌では細菌の表面を細くて短めの線毛が覆っている。

RNAポリメラーゼ
DNAの情報をRNAに写しとる酵素

染色体
細菌のほとんどの遺伝情報をもつ。ヒトなど多くの真核生物の染色体は線状だが，細菌の染色体は環状が多い。

プラスミド
細菌の遺伝情報の一部をもつ環状のDNA。プラスミド自身の複製に必要な遺伝子や，薬剤耐性の遺伝子（ページ），抗菌物質をつくるための遺伝子（ページ）などをになう。ほとんどの真核生物にはない。

鞭毛
ひも状の構造で，これを大きくまわすように動かして移動する。多くの細菌がもつが，もたないものもいる。

数十年間もひそかに生き続ける結核菌

まず呼吸器に関する病気の中から，**結核**についてご紹介しましょう。結核は，**結核菌**という細菌の感染によって発症します。

結核というと，今はあまり聞かなくなりましたけど，昔は結核の隔離病棟があったり，高原にサナトリウムがあったりしましたね。

そうですね。結核は，1950年代の日本では**国民病**ともいわれていて，年間50万人以上の発症者，1万人以上の死者を出して猛威をふるっていました。しかし現在は予防接種の普及などもあり，国内の罹患率は大きく減り，2023年の国内での新登録結核患者数は1万96人となっています。
しかし，世界的には結核がまだ蔓延している国もあり，1年間約1千万人が結核を発症し，150万人が死亡しています（2020年：公益財団法人結核予防会）。

世界ではまだ結核は蔓延しているんですね。

結核を引きおこす細菌は**結核菌**といいます。結核菌は酸素濃度の高いところを好むので，肺でよく繁殖する特徴があります。

なるほど。だから昔は標高が高いところにサナトリウムがあったんですね。

その通りです。呼吸器系は**上気道**（鼻腔，咽頭，喉頭）と**下気道**（気管，気管支，肺）に分かれています。鼻や口から吸った空気は上気道を通過し，**気管**を通ります。気管は途中で左右に分岐して両肺に伸び，分岐をくりかえして**肺**のすみずみにまで伸びます。これが**気管支**です。気管支の末端は，球状の小さな部屋がブドウの房のような構造がついています。これが**肺胞**です。
肺は，吸いこんだ空気に含まれる酸素を血中に取りこんで体中に送るとともに，血液に含まれる二酸化炭素を空気中に放出する器官です（ガス交換）。肺胞がブドウ状の構造をとることで，毛細血管と空気が触れ合う表面積が広がり，このガス交換の効率を上げているわけです。

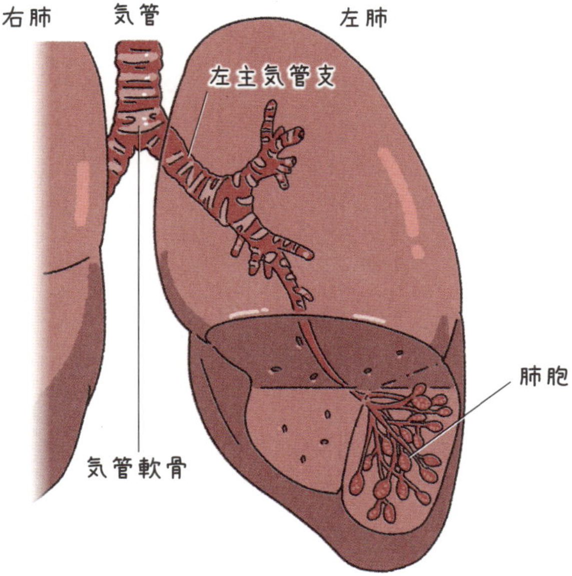

なるほど～。繊細な器官ですね。
こんな器官に炎症がおきたら大変ですね……。

そうです。先ほどお話ししたように，たいていの病原体は，上気道の防御システムによって排除されます。しかし，これらの防御システムの能力をこえるはげしい感染がおきたとき，各器官で炎症がおきます。
咽頭炎がおきると，扁桃が膿でいっぱいになり，悪寒や頭痛，咽頭痛，発熱などが生じ，気道がふさがれて呼吸困難を生じます。気管支炎ともなると，咳が出て息切れをするようになります。

苦しいですね。これが肺胞に達したらどうなってしまうんでしょう……？

細菌が肺胞にまで広がり，肺に炎症がおきるのが**肺炎**です。肺炎では，悪寒，高熱，胸痛，咳やたんなどの症状があらわれます。肺炎を引きおこす細菌には，**肺炎レンサ球菌**，**肺炎桿菌**や，**肺炎マイコプラズマ**などがあります。

風邪が悪化すると肺炎になるのは，感染がどんどん広がってしまうからなんですね。
結核菌は，これらの細菌とはちがうんですか？

そうなんです。
肺胞に細菌が到達すると，マクロファージがはたらき，それらの“敵”を食べます。しかし，マクロファージは結核菌の敵にはならないのです。

どういうことです？

結核菌はマクロファージに飲みこまれたあと，なんとその中で増殖し，最終的にはマクロファージを破壊して別のマクロファージの中で増殖するのです。

結核菌はマクロファージを使って増えちゃうんですか？

そうです。
このサイクルがくりかえされるうちに，肺には，壊死した組織の大きなかたまりや，融合して大きくなったマクロファージのまわりにほかの免疫細胞や新しくできた組織が集まった**結核結節**という特殊な構造ができます。
こうして肺は肺炎のような状態になり，血管が破られて**喀血**がおきます。

結核の患者さんが血を吐くのはそういうことだったんですね。

また，結核菌は肺だけではなく，全身の臓器にも広がります。**それだけではなく，結核菌は結核結節の中で数十年間も生き続けるのです。**
結核は，70歳以上の高齢者やエイズ患者が発症しやすいことがわかっています。これは，高齢化や病気によって免疫機能が弱ったときに，結核菌がひそんでいた“すみか”を壊し，ふたたび猛威をふるうようになるからなのです。
新型コロナでも，結核の経験者が，covid-19肺炎を発症したのちに，肺結核が再発するリスクが高まっていることが発表されていました。

細菌が数十年も生き続けるなんて，おそろしいですね。

日本では，結核菌を弱毒化したワクチンの予防接種がおこなわれています。また，結核菌に対する抗菌薬も開発されています。
しかし現在，抗菌薬に耐性をもつ細菌が出現しており，医療現場で大きな問題となっています。

強酸の胃の中でもへっちゃら，ピロリ菌

続いて，消化器系に感染する細菌を見てみましょう。胃の中で悪さをする**ピロリ菌（ヘリコバクター・ピロリ）**です。

ピロリ菌はここ数年よく耳にしますね。
かわいい名前だからおぼえてます。

名前こそかわいらしいですが，なかなかあなどれない細菌です。**そもそもピロリ菌は，強烈な胃酸が存在する環境の中でも増殖できるんです。**

ええっ！

ピロリ菌はらせん状の形をした細菌で，数本もの鞭毛（べんもう）をもっています。この鞭毛を使って胃粘液内を移動し，胃粘液層の深部にもぐりこみ，胃壁の表面にある粘膜上皮細胞に付着して増殖します。

なぜ，強酸の中でも大丈夫なんですか？

ピロリ菌は胃の中の尿素を分解する酵素をもっていて，尿素からアンモニアをつくっているんです。アンモニアはアルカリ性なので，胃酸を中和できるんですね。

自分のまわりに“バリア”をはっているわけですね。

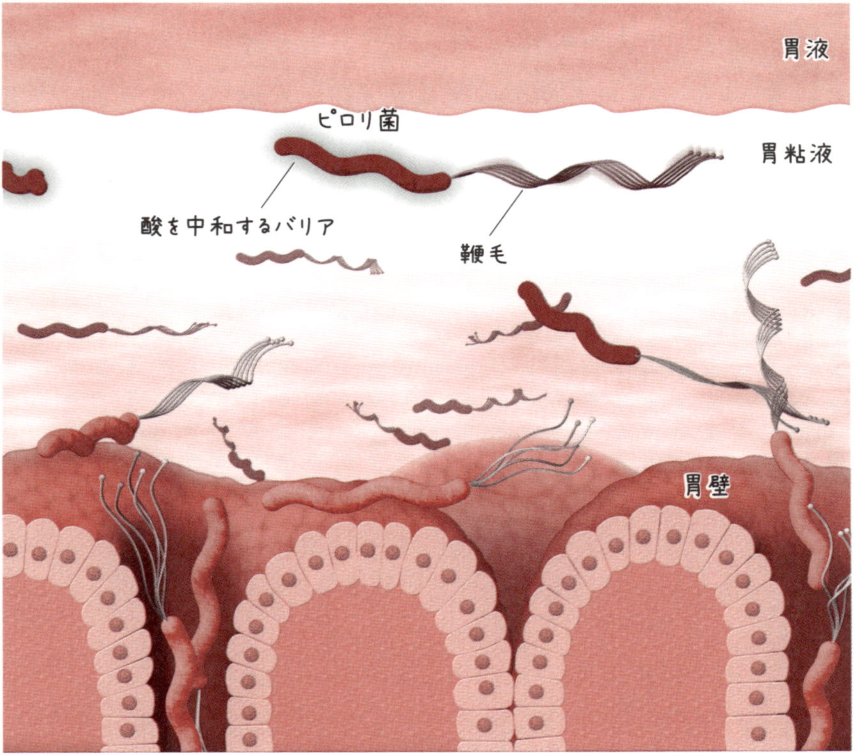

胃の中のピロリ菌の想像図

胃壁は胃粘液で覆われていて，胃粘液の上には強酸性の胃液が広がる。胃粘液中では，胃壁の近くは中性で，胃壁からはなれるほど酸性度が高まる。ピロリ菌は胃壁のくぼみにもぐりこみ，胃粘膜上皮細胞に付着して増える（イラストではピロリ菌の大きさを誇張している）。

その通りです。ピロリ菌は胃の中でさまざまな物質を出し，胃の壁の細胞をこわしていきます。たとえば，ピロリ菌が出す**CagA**という物質は，細胞どうしのつなぎ目を切断します。また，**VacA**という物質は細胞を空胞化します。こうして，胃壁の細胞が破壊されると，炎症がおきて胃炎となるのです。

こわいですね。

そもそも胃壁は，強酸で傷つかないよう，粘液や，酸を中和する物質で覆われています。ところが，胃壁の表面をつくっている細胞がこわされてはがれると，その下の組織が直接胃液にさらされてしまい，**潰瘍**（表面より奥の層まで組織がなくなる）ができます。

ああ，それが**胃潰瘍**ですね。

そうです。実際，胃潰瘍の患者さんの70％，十二指腸潰瘍の患者さんの95%にピロリ菌がみつかっているのです。**それだけではなく，ピロリ菌が胃がんに関係しているという証拠も得られているのです。**

ガンの原因!?

はい。日本の国立がん研究センターが約4万人を対象に調査した結果によると，**ピロリ菌をもっていると，胃がん発症の確率が少なくとも5.1倍高まることが示されました。**さらに，**ピロリ菌の出す「CagA」ががんを引きおこすことが確かめられたのです。**

ピロリ菌って，本当にあなどれないですね。そのCagAは，どういうしくみでがんを引きおこすんですか？

CagAは胃の細胞の中で細胞分裂にかかわるタンパク質にくっつき，細胞のはたらきを促進させます。すると，細胞の過剰な分裂がおきます。細胞の過剰な分裂とともに，胃がん発症にかかわる細胞も増殖し，その結果，胃がんを発症させるのです。

なるほど。

このような背景から，WHOは2014年にヒトの胃がんの80％はピロリ菌によって引きおこされると発表しました。現在では，ピロリ菌の除菌によって胃がんの再発率が3分の1におさえられたことを示す研究結果も報告されています。さらに，ピロリ菌とは一見関係のなさそうな血液の病気**特発性血小板減少性紫斑病**（止血作用のある血小板が減少する病気）でも，ピロリ菌除菌をおこなった約半数の患者さんに，症状の改善（血小板の増加）が確認されています。

ピロリ菌は，胃以外の病気にも関係するんですね。

そうですね。2000年から，胃潰瘍，十二指腸潰瘍では除菌の保険適用が認められるようになり，2010年からは，胃MALTリンパ腫瘍（胃の粘膜にできたリンパ組織ががん化する病気），特発性血小板減少性紫斑病，早期の胃がんの内視鏡治療後に対して，2013年からはピロリ菌感染胃炎に対して，除菌の保険適用が認められています。

日本人の年代別ピロリ菌感染率

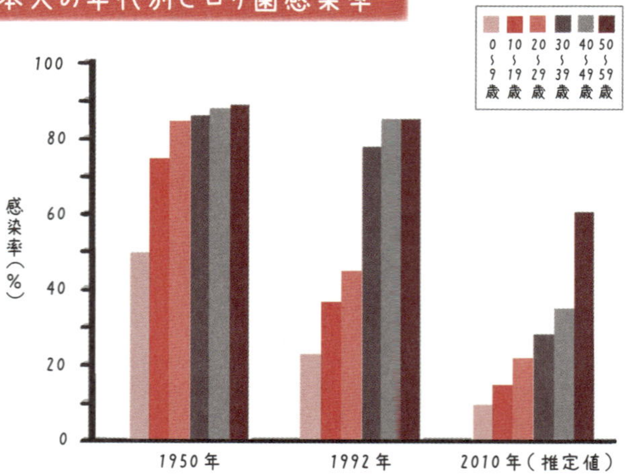

1950年,1992年,2010年における,各年齢層(当時)ごとのピロリ菌の感染率をあらわしたグラフ。2010年は推定値である。近年では感染率が低下してきており,特に若年層では感染率が大きく低下していることがわかる。

※日本ヘリコバクター学会『市民の方へのピロリ菌解説』を参考に作成

除菌による胃がん再発の抑制効果

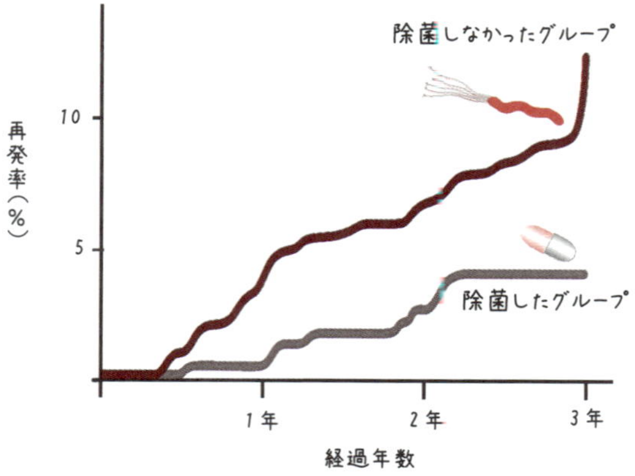

胃がん切除後の,3年間での再発率をあらわしたグラフ。除菌したグループのほうが再発率が低いことがわかる。

※深瀬ら『Lancet』372:392-397(2008)より作成

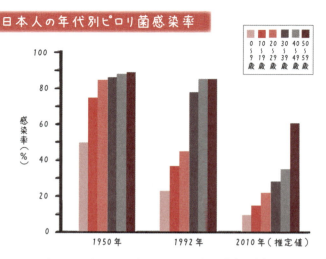

大腸の細胞をこわすコレラ，赤痢，大腸菌

消化器系には，胃のほかに**腸**も含まれます。昔から人々を苦しめてきた感染症には，衛生環境の悪さなどから，細菌が腸に感染して炎症をおこす**細菌性腸炎**が多くあります。この細菌性腸炎のうち，小腸が炎症をおこす腸炎ははげしい下痢症状が見られ，その中でもよく知られているのが**コレラ**です。

昔，世界中で大流行して多くの人が亡くなった伝染病ですよね。江戸時代に日本でも大流行したと聞いたことがあります。現在も，海外旅行に行った人が感染していますね。

そうですね。コレラは，**コレラ菌**による感染症です。主に，汚染された水や食べ物を介して感染します。
コレラ菌は，腸の粘膜上で増殖して**コレラ毒素**を出します。この毒素は，小腸の表面の上皮細胞にくっついて細胞内に侵入すると，細胞内の酵素が反応し，細胞内から水分が出ていってしまいます。その結果，腸の中に水分と電解質（血液に乗って循環しているミネラル）が流出し，嘔吐，腹痛，下痢などの症状があらわれます。
初期症状は軽度の下痢や，無症状のこともありますが，症状が進むと急激な下痢や嘔吐によってショック状態におちいることもあります。下痢の量は1日に10～数十リットルにおよぶこともあり，極度の脱水状態のほか，血圧の低下など，さまざまな症状があらわれます。重症の場合は命にかかわるので，早期の治療が必要です。

おそろしいですね。

コレラの場合は，大量の下痢や嘔吐による脱水症状が主な症状ですので，最も大事な治療方法は，水分と電解質を補充することです。
また，経口の不活化ワクチンがありますが，国内では承認されていないため，コレラの危険性の高い地域へ渡航する際はワクチンを輸入して服用します。

薬よりも，基本的な治療が効果的なんですね。

また，同様の感染症に**赤痢**があります。赤痢は，**赤痢菌**が大腸に感染することで発症します。赤痢菌は，マクロファージに食べられますが，その内部で生き続け，最終的にはマクロファージを破壊して増殖します。そして，大腸の表面の上皮細胞に移動すると，細胞内で増殖していきます。その結果，大腸の上皮細胞が破壊されて強い炎症がおき，腸の粘膜に潰瘍がつくられます。
赤痢にかかると，発熱や腹痛，嘔吐のほか，粘液や血液の混じった下痢便が出ます。

コレラと症状が似ていますね。

そうですね。赤痢の場合，特に治療をしなくても，数日で症状はおさまります。水分と電解質の補充のほか，抗菌薬が使われることもありますが，耐性菌の問題もあるため，使用には注意が必要です。
さて，赤痢と同様の症状で，日本でも大きく注目されているのは，**病原大腸菌O-157**による**腸管出血性大腸菌感染症**です。
1982年にアメリカのハンバーガー店で集団食中毒が発生し，その際に大腸菌O-157が原因菌であることが特定されました。日本では，1996年に大阪府堺市で，学校給食からO-157による集団食中毒が発生し，6000人以上の子どもが集団感染した事件で話題になりました。

O-157ですね！
こわい細菌という印象があります。まだときおり発生していますよね。

そうですね。**大腸菌は本来は無害ですが，病原性をもつものに変異して感染症を引きおこすものを病原大腸菌といいます。**病原大腸菌には5種類あり，その中で，毒素を産生して出血性の腸炎を引きおこすものを，**腸管出血性大腸菌（EHEC）**といいます。
腸管出血性大腸菌の代表格が，病原性大腸菌O-157で，日本では**腸管出血性大腸菌O-157**といわれています※。

※：志賀毒素産生性大腸菌（STEC）で統一されているが，日本では腸管出血性大腸菌が多く用いられている。

大腸菌には悪さをするものがいて，しかもいろいろな種類があるんですね。

そうです。腸管出血性大腸菌が大腸に感染すると**志賀毒素（シガトキシン）**を産生します。この毒素は，赤痢菌を発見した細菌学者**志賀潔**（1871～1957）にちなんでつけられました。

腸管出血性大腸菌O-157は非常に強い細菌で，わずか50個ほどで感染症を発症させるといいます。

腸の上皮細胞にはたらき，細胞に必要なタンパク質の生産を止めさせて細胞障害をおこします。その結果，腸管上皮細胞が破壊され，感染者ははげしい腹痛や水様便，血便などにみまわれます。

強烈ですね……。

そうです。

さらに毒素は血中に入って体内をまわり，患者のうち数%には，急性腎不全，溶血性貧血，血小板減少症といった**溶血性尿毒症症候群（HUS）**のほか，**脳症**を発症することもあります。

腎臓や，脳にまで!?

抗菌薬は効くのでしょうか？

この感染症の治療に抗菌薬を使うべきかどうかについては意見が分かれています。というのも，抗菌薬の投与が細菌から毒素の放出をうながし，溶血性尿毒症症候群のリスクを上げるという意見が出ているからなんです。

むずかしいんですね。

消化器に感染して病気を引きおこす微生物には，細菌のほか，ウイルスや真菌（カビや酵母などの微生物），原虫などもいます。また，微生物ではありませんが，寄生虫の感染も深刻な問題となっています。

敵はウイルスと細菌だけじゃないんですね。

たとえばピーナッツなどに生えるアスペルギルス属の真菌は，**アフラトキシン**とよばれる毒素をつくります。この毒素は，これまで見つかっている毒素の中で，最も発がん性の高い毒素だといわれています。
また，主に熱帯地方では，実にさまざまな寄生虫がヒトの腸に感染しています。その中には，腸からさらにほかの臓器へ侵入するものもいて，体内で増え続ける寄生虫は，重い障害をもたらすことがあります。

世界は本当に，微生物だらけですね。

血中で感染をおこすマラリア原虫

最後に，循環器系で発症する感染症をご紹介しましょう。心臓，血管，血液からなる心臓血管系には，通常は外界の微生物をはじめ，常在菌も存在しません。しかし，何らかの原因で，細菌が血中に混入することがあります。血液中に細菌が混入した状態のことを**菌血症**（きんけつしょう）といいます。

ふむ，はじめて耳にする言葉ですね。

菌血症のうち，血中に侵入した微生物が排除されずに，血中でそのまま成長して増殖すると，全身で炎症反応がおきるようになります。これが**敗血症**です。

敗血症は聞いたことがあります。敗血症で亡くなる場合もありますよね。

その通りです。**敗血症では体温，心拍数，呼吸数，白血球数に異常がみられ，致死率は50～70％におよびます。**さらに，敗血症の中でも，臓器障害や低血圧がみられるものは**重症敗血症**とされ，さらに，血圧を自力で保てないほど重症のものは**敗血症性ショック**とされます。この極度の低血圧（ショック状態）は，感染した細菌の成分**LPS**（内毒素）の作用によって引きおこされます。

敗血症って，そんなに致死率が高いんですね！もしショック状態になったら，すぐにでも抗菌薬を投与して細菌を除去しないとまずいですよね!?

ところが，ショック状態のときに抗菌薬を投与すると，細菌は死にますが，細菌がもっている大量のLPSが血中にばらまかれることになります。そうなると，血圧がさらに下がり，状況はますます悪化することになってしまうので，注意が必要です。
治療方法としては，重症敗血症や敗血症性ショックの場合，抗菌薬の投与とともに**人工呼吸器**で呼吸を管理したり，**循環作動薬**を使って血圧を維持したりといった治療を同時におこなわなければなりません。

なるほど，ただ抗菌薬さえ投与すればいいわけではないんですね。

さて，細菌性ではありませんが，心臓血管系の感染症でよく知られているのが**マラリア**です。
マラリアは**マラリア原虫**という寄生虫によって引きおこされる感染症です。原虫とは，寄生虫の中で，単細胞のものをいいます。
マラリアは，現在も熱帯地方で流行が続いていて，2022年の新規患者数は2億4900万人，死亡者数は60万8000人にものぼりました（日本WHO協会）。患者の94％がアフリカに集中しており，死亡者のほとんどは5歳未満児です。

そんな小さな子たちがですか。
ちょっとショックです。

マラリア原虫を人にうつすのは，**ハマダラカ**という蚊です。この原虫をもつ雌のハマダラカに血を吸われると，そこからマラリア原虫が血中に放出されます。原虫は肝臓へ到達すると肝細胞の中で増殖し，一定量をこえると肝細胞を破壊してふたたび血中に放出され，今度は赤血球の内部に侵入して増殖します。

こわいですね！

やがて赤血球をこわして出てきたマラリア原虫は，また別な赤血球へと感染していきます。こうして次々に赤血球がこわされていき，感染者には発熱，貧血，脾臓の腫れといった症状があらわれます。
ヒトに感染するマラリア原虫は4種類あり，その中でも最も重い症状を引きおこす**熱帯熱マラリア原虫**は，赤血球を凝集させて血管をふさぎ，意識障害や呼吸不全をおこして死に至らしめます。

そんなのに子どもがかかったらひとたまりもないですよ。

こうして，ヒトの体内で増殖をくりかえすうちに，一部の原虫は成長して雌雄の区別があらわれます。この状態でハマダラカに吸血されると，血とともに吸われた原虫によってハマダラカの中で受精がおこなわれます。そしてふたたび原虫がつくられ，**スポロゾイト**（マラリア原虫がヒトへ感染する形態）がつくられます。

なるほど……。
この蚊がまたヒトを刺して感染するわけですね。

その通りです。マラリアの治療薬は，クソニンジンという植物の葉からつくられる**アルテミシニン製剤**が使われています。中国の古典には，この薬剤は，中国では紀元前2世紀ごろから，マラリアの治療薬としてもちいられていたという記述があります。

そんなに古くからあったんですね。

アルテミシニンは，マラリア原虫が破壊した赤血球が分解されて生じた鉄イオンと化学反応をおこし，そこから発生する活性酸素によって，マラリア原虫を死滅させます。アルテミシニン製剤は，服用後には99.9％のマラリア原虫を死滅させる効果があり，アルテミシニン製剤の有効成分を発見した中国の医学者**屠呦呦**（トゥヨウヨウ）（1930～ ）は，2015年のノーベル医学・生理学賞を受賞しています。

すごい！

ただし，マラリアは原虫の種類によって薬剤の効果がことなります。また，近年，このアルテミシニンに耐性をもつマラリア原虫が発見され，問題になっています。
しかし一方で，マラリアワクチンの開発が進んでおり，2024年5月に，世界で2番目となるマラリアワクチン**R21/マトリックスMワクチン**が中央アフリカに出荷されました。

希望がもてますね！

抗菌剤の効かない薬剤耐性菌が出現している

先生，「人間は常に病原菌の侵入にさらされている」っていう状況が，ここまでのお話を聞いて，さらによくわかりました。何というか，細菌と共存している感じですよね。一つ気になっていることが……，ときどき「薬剤に耐性のある細菌」というのが登場しますが，これは大丈夫なのでしょうか。

そうですね。
実は近年，抗菌剤に耐性をもつ強力な**薬剤耐性菌**があらわれ，院内感染などをおこして問題になっているのです。STEP2の最後に，この薬剤耐性菌について見ていきましょう。
「耐性」とは文字通り，「生物が薬品に耐えて生き続ける性質」をいいます。細菌の場合は，抗菌剤（抗生物質）に耐性をもつとき**耐性菌**（薬剤耐性菌）とよばれます。耐性菌の中には，**多剤性耐性菌**といわれるものがあり，これは大きく3グループに分類される抗生物質のうち，各グループの少なくとも一つずつの抗生物質に耐性をもつ細菌をさします。

薬剤に耐えるなんて，すごく心配です……。

まず，抗生物質の登場からお話ししましょう。
抗生物質とは，細菌の増殖をおさえる物質のことです。

この物質を発見したのは，イギリスの微生物学者**アレクサンダー・フレミング**（1881 ～ 1955）でした。1928年に，細菌を培養していた皿に紛れこんだアオカビの胞子からカビが発育し，そのまわりに細菌が見られなかったことから，アオカビには細菌の増殖をおさえる何らかの物質があることを発見したのです。

偶然だったんですね。

そうです。のちに，アオカビが細菌を殺す物質を出していたことがわかり，この物質は**ペニシリン**と名づけられ，「抗生物質」※の第1号となりました。
ペニシリンの大量生産が実現したのは1940年代で，人体に影響をおよぼさず，体内にひそむ菌だけを殺す**奇跡の薬**として多用され，肺炎，咽頭炎，髄膜炎，梅毒，歯周病などの多くの病に効力を発揮したのです。

確かに，奇跡の薬ですね！

1940年代から1980年代ごろまで，さまざまな抗生物質が発見され，当時死の病とされた結核に劇的に効く**ストレプトマイシン**や，淋病や肺炎に効く**エリスロマイシン**などが登場しました。
一方で，実は1940年にはすでに，ペニシリンに耐性をもつ細菌が確認されているのです。

えっ！　じゃあペニシリンは効かなくなってしまったんですか。

※：抗生物質という言葉はフレミングがつくったものではなく，ストレプトマイシン（抗生物質）を発見したセルマン・ワックスマンによって決められた。

そうです。そこで，この耐性菌に対応するため，**メシチリン**や**バンコマイシン**といった抗菌剤が開発されました。しかし，そのたびに新たな耐性菌が登場してきました。

イタチごっこのような状況ですか。細菌はどうやって耐性を身につけるんですか？

薬剤耐性菌が抗生物質に対抗できるのは，細菌の遺伝子が変化しているためなのです。
細菌は，分裂して子孫を残すことで進化をとげてきました。細菌は分裂するとき，自分の遺伝情報を記録したDNAを複製します。このときにおきるエラーから突然変異体が生まれ，環境に適応できるものが生き残って，さらに進化していきます。こうして，自然界には冒頭でお話ししたように，100万種類ともいわれる，さまざまな個性をもつ細菌が存在しているのです。
そしてそのごく一部に，抗生物質に対する耐性をもつ個体が存在することがあるんですね。

なるほど……。抗生物質はそもそも自然界の微生物がもってるものですもんね。

そうです。また，生物は基本的に，自分の遺伝情報を子孫に受け継いで伝えますよね。実は細菌はそれに加えて，別の種から新たに遺伝子（耐性遺伝子）を獲得することもできるんです。

そうなんですか!?

細菌は，遺伝情報がおさめられた染色体とは別に，**プラスミド**という輪状のDNAをもっています。細菌は，このプラスミドに情報を記録して放出することで，種の壁をこえて遺伝子をゆずり渡すことができるのです。
また，ほかにも細菌が溶けてDNAの断片が放出され，周囲の細菌がそれを取りこむこともあります。
また，バクテリアファージといった，細菌に感染するウイルスが遺伝子を運ぶこともあるんです。**つまり，細胞は種をこえて自分の遺伝情報を伝えることができるんですね。**

先生，ということはつまり，薬剤耐性の遺伝子を，普通の細菌が獲得してしまう場合があるということですか。

その通りです。ただし，もし自然界で耐性菌があらわれたとしても，それほど強力ではなく，細々と生存していくだけです。しかし，**病院で耐性菌が出現した場合，近年院内感染などで問題になるような強力な薬剤耐性菌になることがあります。そして，これには実は，抗生物質が大きな役割を果たしているのです。**

どういうことですか!?

たとえば，細菌性の感染症を発症し，病院で抗生物質を投与されたとします。すると，体内の細菌は死滅しますが，たまたま耐性菌がいた場合，それらが生き残ってさらに感染が進み，また別な抗生物質を投与されます。**こうして，さまざまな抗生物質に出合うことで，耐性菌は，複数の抗生物質に耐える多剤性耐性菌になっていくのです。**

病院では抗生物質が日常的に使われるため，耐性菌以外の細菌が死滅し，耐性菌はそのぶん増殖しやすい環境になります。つまり病院は，耐性菌が圧倒的に生き残りやすい場所なのです。

現代社会は，薬剤耐性菌が生きやすい場でもあるんですね。

そうですね。細菌のうち，グラム陰性菌は特に種をこえて遺伝子情報をやりとりしやすい性質があり，グラム陰性菌のグループからあらゆる抗生物質に耐性をもつ耐性菌が生まれることがわかっています。
中でも，**NDM-1産生多剤耐性菌**は，**カルバペネム**という，あらゆる耐性菌に効果をおよぼす，抗菌剤の切り札ともいえる薬剤を分解する酵素をつくることがわかっており，病院外でも広がる可能性が懸念されています。

細菌も生物ですから，どんどん進化していくんですね。

そうですね。ですから，抗生物質の扱いや使用方法にはじゅうぶんな注意が必要なのです。

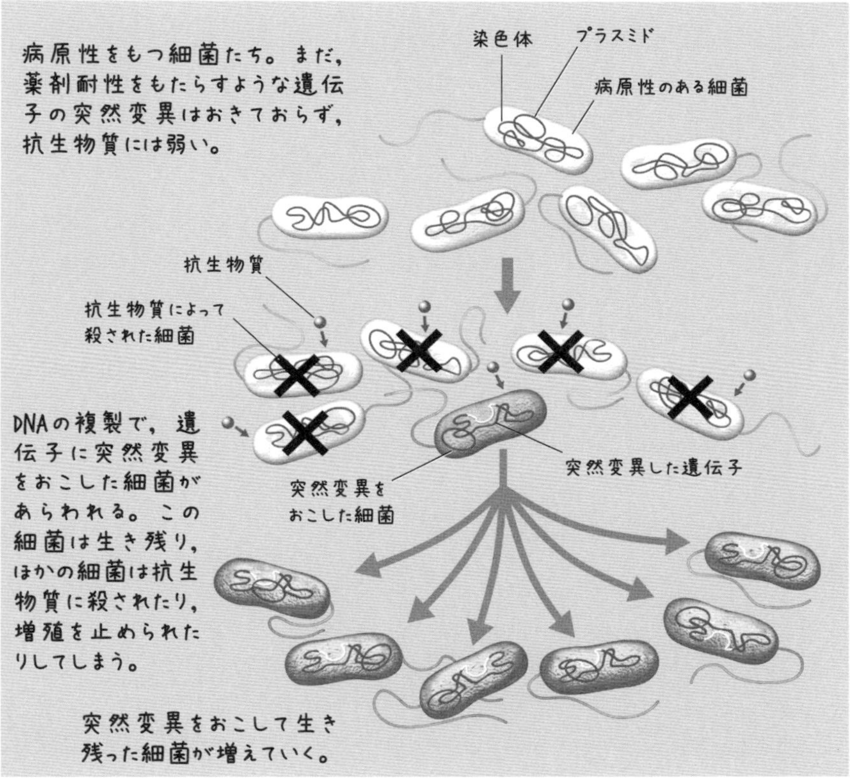

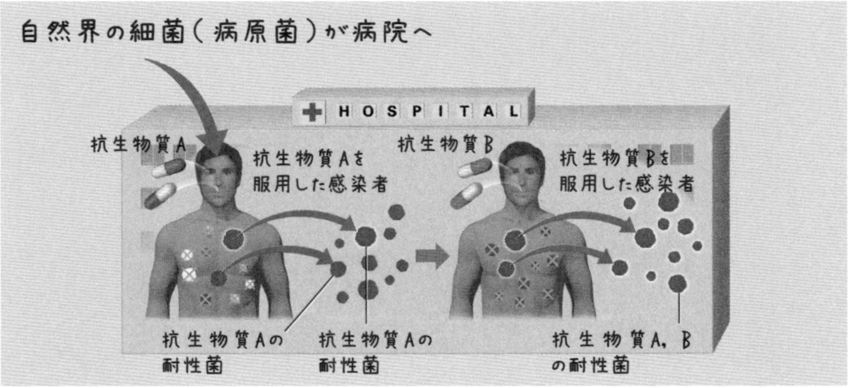

抗生物質Aに攻撃された病原菌は、耐性をもつ個体を残して死滅する。

耐性をもつ個体が生き残って増え、耐性菌として問題になる。

耐性菌が抗生物質Bによって、ほとんどが死滅する。

抗生物質Bにも耐性をもつ個体が増え、多剤耐性菌になっていく。

4

時間目

新型コロナと免疫

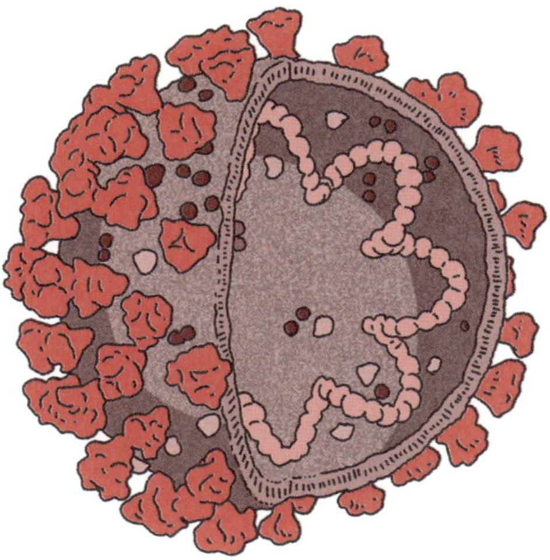

STEP 1

新型コロナウイルスが引きおこしたパンデミック

2019 年に発生し，世界中に広がった新型コロナウイルス感染症。現在もまだ感染は続いています。新型コロナウイルスとはどのようなウイルスなのでしょうか。

大流行をおこした新型コロナウイルス

2020年に，新型コロナウイルスによるパンデミックを経験して，生まれてはじめて，身近に死の恐怖を感じました。すごく不安に感じていましたが，免疫のしくみや，ウイルスや細菌についてのお話を聞いて，少し冷静に考えることができるようになった気がします。

それはよかったです。それでは最後に，世界中を襲った**新型コロナ**について，あらためて見ていきましょう。
新型コロナは，**新型コロナウイルス感染症（COVID-19）**といい，原因となるウイルスは**SARS-CoV-2**といいます。2019年12月に中国湖北省武漢市ではじめて確認され，またたく間に全世界へ拡大しました。感染力が強く，感染して重症化すると重度の肺炎を引きおこします。
WHO（世界保健機関）のまとめでは，2024年8月11日の時点で，世界の感染者数は約7億7590万人，死亡者数は約706万人にのぼるとされています。

日本国内では2020年1月15日にはじめて感染者が確認され，感染者数は約3380万人，死亡者数は7万4694人となっています（2024年8月11日現在）。

そんなにも多くの死亡者が出たんですね。

そうですね。感染症は，症状の重篤さや感染力などに応じて1～5類に分類されていて，COVID-19は，当初は結核やSARSなどと同等の**2類**に分類されていました。
しかし，2023年5月に，季節性のインフルエンザと同等の**5類**へと移行されて，現在はいわゆる**「コロナとの共存」**に切りかわっています。
しかし，現在もなお，国内外の感染者数は増減をくりかえしており，まだまだ注意が必要です。

これから感染者数が一気に増える可能性もありますよね。まだぜんぜん終わっていない感じがします。

そうですね。第8波の流行まで，政府は断続的に緊急事態宣言を発令してきましたが，5類になったため，感染による行動規制などはおこなわれることはありません。
しかし現在も，ウイルスの変異の追跡や監視が続いており，ワクチンや治療薬の開発も進められています。

新型コロナウイルスは，発生から次々に変異していきましたね。発生直後，ニュースで「ワクチンができたとしても，今後は変異株が出てくるので，対応できなくなる」と専門家の方が言っていた意味が，今はよくわかります。変異株が次々に出てきましたよね。

そうですね。新型コロナウイルスには，最初に中国で確認されたウイルスからさまざまな変異株が発生しました。発現した順番に，ギリシャ文字が割り振られています。中でも感染力の強いものとして，イギリスから発生した**アルファ株**，インド発の**デルタ株**，南アフリカ発の**オミクロン株**が有名で，現在はオミクロン株が最新となっています。
当初は発生した国の名前がつけられていましたが，差別につながる懸念などから，2021年にWHOがギリシャ文字が使用されたんですね（ミュー株の次のニュー，クサイは他名称と混同を避けるため採用されていません）。

ギリシャ文字の名前は，発現した順番だったんですね。

そうです。これらの変異株は，世界各国から集められたデータをもとに，世界保健機関がリスクを評価し，その結果に応じて，**懸念される変異株（VOC），注目すべき変異株（VOI），監視下の変異株（VUM）**のクラス分けをおこない，感染の動向を監視しています。ただし，国によって流行の傾向はことなるので，各国が自国の検出状況に合わせて分類をおこなっています。
日本では現在，「オミクロン株」がVOCに分類されています。

そうだったんですね！

また，それぞれの株はさらに細かく枝分かれし，非常に多くの変異株が確認されています。
中でも，オミクロン株は特に多くの子孫系統があらわれています。

2024年11月現在は，オミクロン株の変異系である**BA.5株**や**XBB株**，**JN.1株**のほか，**KP.3株**が主流となっていて，KP.3株は特に感染力が強く，警戒されています。

ポイント！

VOC（懸念される変異株）

主に感染性や重篤度が増す・ワクチン効果が減弱するなど性質が変化した可能性が明らかな株。
日本ではオミクロン株。

VOI（注目すべき変異株）

主に感染性や重篤度・ワクチン効果などに影響を与える可能性が示唆されるかつ国内侵入・増加するリスク等がある株。
日本では該当なし。

VUM（監視下の変異株）

主に感染性や重篤度・ワクチン効果などに影響を与える可能性が示唆されるまたはVOC/VOIに分類されたもので世界的に検出数が著しく減少等している株。
日本ではアルファ株，ベータ株，ガンマ株。

（厚生労働省）

新型コロナの感染力は「スパイクの変異」が鍵

いろいろな変異株があって，混乱してしまいます。

そもそも，新型コロナウイルスの変異のうち，重要なものとして挙げられるのが**D614G変異**とよばれる変異です。

どんな変異なんですか？

新型コロナウイルスの表面には，**スパイク**といわれるタンパク質の突起があります（279ページ）。これは，20種類のアミノ酸がつながったタンパク質でできています。
はじめに中国の武漢で見つかった初期型のウイルスでは，このスパイクをつくる614番目のアミノ酸は**アスパラギン酸（D）**でした。この株は**D614**といいます。

ふむふむ。

ところが，その後，ヨーロッパで感染が拡大した変異株の多くでは，614番目のアミノ酸が**グリシン（G）**に変化していたのです。つまり，D614が複製エラーをおこしたんですね。これが，**D614G変異**です。
スパイク部分にD614G変異をもつウイルスは**D614G変異株**といい，これが従来型のウイルスを駆逐して，さまざまな変異株をもたらしたのです。

D614G変異株は，従来型とどうちがったのですか？

D614G変異株は，細胞への取りこみが速く，従来型のウイルスよりも短い期間で感染し，動物間では初期型の10倍近くもの感染力をもっていたのです。これは，スパイク部分の変異が，従来型ウイルスよりも細胞への結合をしやすくさせていると考えられています。
そのために感染力を増し，さらに多くの変異をくりかえして枝分かれしていったんですね。

なるほど……。

人の免疫細胞がつくる「抗体」は，スパイクに結合することで感染をさまたげるんですね。それに対して，主な変異株は，いずれもスパイクをつくる遺伝子に変異をもっているのです。
つまり，**スパイクの構造が変化しているため，抗体が結合できず，感染をさまたげられなくなってしまうのです。**

抗体は鍵と鍵穴の構造というお話がありましたが，ウイルスの“鍵穴“がどんどん変わってしまっていくわけですね。

そうです。たとえば，第7波を発生させたオミクロン株のBA.5とよばれる系統は，デルタ株にない特徴として「F486V」(スパイクのタンパク質をつくる約1300個のアミノ酸のうち，486番目のフェニルアラニンがバリンになっている)の変異をもっています。
これは免疫を逃れる性質に関係するといわれており，オミクロン株はこうした特性を強くもつことがわかっています。

さまざまな変異株にはこうした変異が，多ければ数十か所ほどあり，性質のちがいを生じさせているのです。

そんなことまでわかっているんですね。

国内の感染拡大では，最初の約1年間でおきた第1波から第3波は従来株，2021年5月にピークをむかえた第4波はアルファ株，同年の夏に発生した第5波はデルタ株，2022年に入ってからの第6派以降はオミクロン株から派生した**BA.1**や**BA.2**が主流になっていたとみられています。

新型コロナウイルス感染症の1日あたりの感染者数

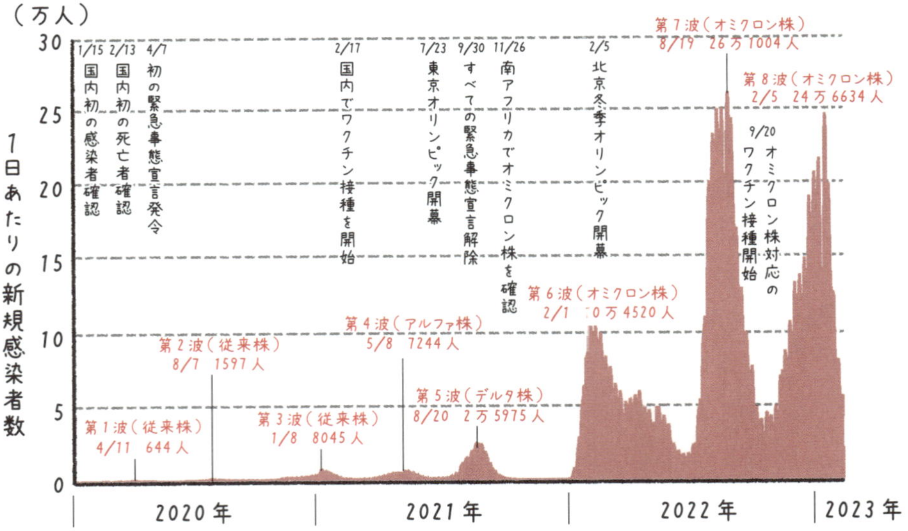

日本国内における新型コロナウイルス感染症（COVID-19）の1日あたりの感染者数の推移をあらわしたグラフ。第1波から第8波のピークとなった日付と，その日の感染者数をあわせて記載した。さらに，COVID-19に関する主な出来事も記載した。
（出典：厚生労働省）

ウイルスの種類によって症状もちがっていましたよね。

COVID-19の症状は，咳や発熱，頭痛など，風邪やインフルエンザとよく似ており，無症状の感染者も多いといわれています。初期のころは重症化や死亡に至る割合が比較的高く，高齢者や糖尿病などの基礎疾患がある感染者を中心に，重い肺炎などにつながる事例が少なくありませんでした。厚生労働省によると，主にデルタ株で生じた第5波では，80歳以上の感染者のうち10.21％が重症化し，7.92％が死亡したといいます。

高齢者はやはりリスクが高いのですね。

しかしその後，重症化率や死亡率は低下しました。オミクロン株による第7波中の2022年7～8月では，80歳以上の感染者で重症化したのは1.86％，死亡したのは1.69％だったといいます。

重症化率も死亡率も，目に見えて減ってますね！

データの背景はことなりますが，季節性インフルエンザでは80歳以上の重症化率が2.17％，死亡率は1.73％ですから，それを下まわっていることになりますね。60歳未満では，第7波以降，2022年7～8月の死亡率が0.03％以下と，死亡に至る事例はまれになっています。

ということは，あとから出てきた変異株ほど，おとなしくなっていくということですか？

確かに，数字だけを見ると，ウイルスの病原性が弱まっていくように見えます。
しかし，**重症化率や死亡率の低下は，ワクチン接種や多くの人が免疫を獲得したり，治療薬の開発が進むなど，医療体制が整ったことの影響が大きいといえます。ウイルスそのものの性質が変わったわけではありません。**

ウイルスが弱毒化してるわけではないのか……。でも，治療や予防体制は整ってきているということなんですね。

新型コロナウイルスは，遺伝子の“文字量”が多い

新型コロナウイルス「SARS-CoV-2」の構造について，あらためて見ていきましょう。
コロナウイルスは**RNAウイルス**の一種で，核酸に一本鎖のRNA（リボ核酸）をもっています。ウイルスの形はおおむね球体ですが，ゆがみもみられます。RNAをキャプシドが覆い，さらにその上を脂質二重膜のエンベロープが覆っています。先にお話ししたように，RNAウイルスは構造が不安定なため，RNAウイルスの一種であるインフルエンザウイルスやノロウイルス，HIV（エイズウイルス）と同様，常に変異をくりかえすことが特徴です。

RNAウイルスだから，アルコール消毒が有効ということですね。

そうです。また，エンベロープの表面に，**スパイク**とよばれるタンパク質の突起がたくさん突きだしているのが特徴です。新型コロナウイルスは，このスパイク部分を使ってヒトの細胞に結合し，内部へと入りこんでいきます。

新型コロナウイルス（SARS-CoV-2）

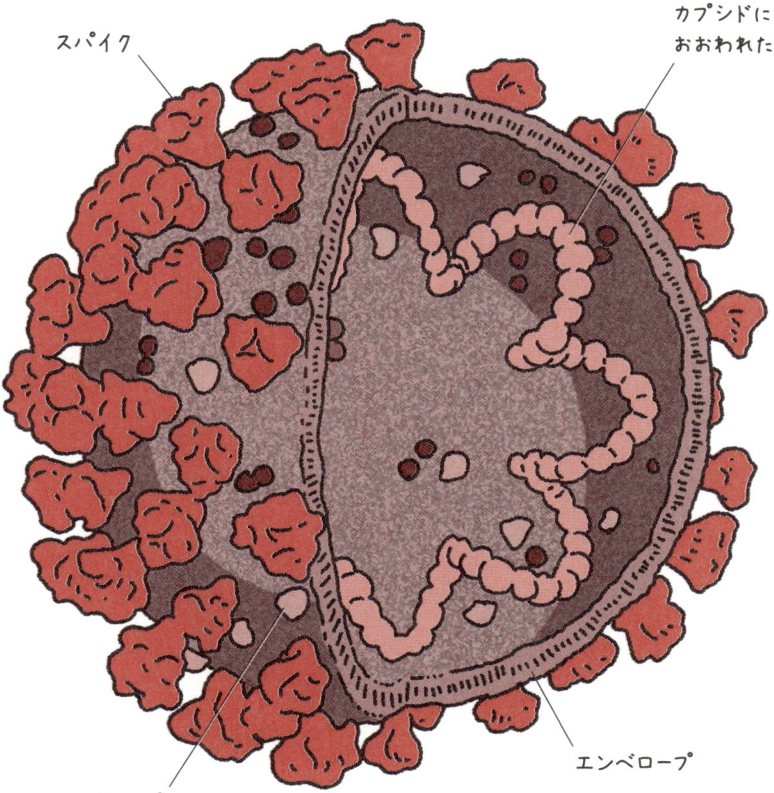

スパイクのほか，エンベロープには「膜タンパク」や「エンベロープタンパク」などのタンパク質が埋めこまれています。これらのタンパク質のはたらきは，まだ十分には解明されていません。

今なお謎が多いんですね。

また，**新型コロナウイルスのRNAには，約3万の塩基があることがわかっています。実はこれは，RNAウイルスの中では最大です。**遺伝情報を“本”だとすると，塩基は“文字”にたとえることができます。つまり，新型コロナウイルスは，RNAウイルスの中で最大の“文字情報“をもっていて，1か月に1〜2塩基ほどのペースでエラーがおき，変異することがわかっています。

情報量が多いと，エラーの確率も上がりそうですね。

そうですね。しかし，このエラーのペースは，ほかのRNAウイルスにくらべるとそれほど頻繁ではないのです。
たとえば同じRNAウイルスのノロウイルスとくらべると100分の1〜1000分の1程度だといわれています。

次々に変異がおきているので，このエラーの頻度は高いのかと思いました。

実は新型コロナウイルスは，RNAの複製ミスを修復する“校正機能”をもっているのです。そのため，修復酵素をもたないRNAウイルスにくらべて，変異が比較的生じにくいと考えられています。

そうなんですか？
ではなぜ新型コロナウイルスの変異株は次々とあらわれるんでしょう？

新型コロナウイルスが次々にあらわれる大きな理由の一つに，**選択圧**があります。
選択圧とは，ある生物やウイルスの生存および繁殖に大きく影響する，外的な要因のことです。
たとえば，寒い環境の中では，毛がたくさん生えている動物が生き残ります。つまり，「寒さ」が選択圧となって，生存に有利な身体的特徴が生まれるといえます。

なるほど……。

これまでの研究で，**新型コロナウイルスの変異株の出現には，ウイルス感染を防ごうとする私たちの体の機構や行動，たとえばワクチンや感染による免疫の獲得，三密を防ぐとか自宅待機をするといった行動などが，ウイルスの選択圧になった可能性が指摘されているのです。**

うわあ〜。
細菌が抗生物質によって耐性を得てしまうみたいなことが，ウイルスでもおきてしまうわけですか。

そうです。ですから，治療や予防の体制が整ってきているとはいえ，決して油断することはできないんです。

「スパイク」を使って細胞へ侵入！

スパイクが細胞の特定の部分にくっついて，細胞の中に入っていくということでしたが，ヒトの細胞のどの部分と結合するんですか？

ヒトの気道の細胞の表面には，**アンジオテンシン変換酵素2（ACE2）**とよばれるタンパク質があります。このACE2という酵素は，血圧を上昇させる「アンジオテンシン」という物質のはたらきを調節するための酵素で，本来は新型コロナウイルスとは無関係です。

血圧の上昇に関係する物質ですもんね。確かに，直接は関係なさそうです。

ところが，ヒトの体内にやってきた新型コロナウイルスにとっては，このACE2こそが侵入すべき細胞の目印になるのです。
まず，新型コロナウイルスの表面にあるスパイクと，気道の細胞の表面にあるACE2が結合します。これがきっかけとなって，ウイルスは細胞の内部へと飲みこまれ，細胞への侵入に成功するわけです。
最近の研究から，気道（鼻）の細胞にあるACE2の量は，子どもで少なく，成人で多いことがわかってきました※。これが新型コロナの感染者に子どもが少ないことの一因なのかもしれません。

子どもの感染者が少ないのは聞いたことがありますね。

※：Nasal Gene Expression of Angiotensin-Converting Enzyme 2 in Children and Adults. JAMA(2020) doi:10.1001/jama.2020.8707

こうして細胞内に侵入した新型コロナウイルスは，ヒトの細胞がもつタンパク質合成のしくみを借用し，複雑な過程を経て，ヒトの細胞内で複数のRNAをつくり，ヒトの細胞は，複製されたウイルスのRNAを，DNAに組みこんでいきます。こうして，ウイルスの遺伝情報にもとづいたスパイク，膜タンパク，エンベロープタンパク，ヌクレオカプシドタンパクなどの部品が合成されていきます。

こわいですよねえ。

そうですね。しかしこれも，ヒトと同様，ウイルスにとっては生き残るための必死の戦略ですからね。
こうしてつくられたウイルスの部品と，複製されたRNAは，新たなウイルスとして細胞内で組み上げられます。
そして，完成した多数のウイルスは，細胞の外へと放出され，また別な細胞に取りついて，同様の過程をくりかえし，増殖していくのです。

まるでプラモデルを組み立てるみたいですね。

そうです。最初にウイルスが体内に入ってから，発熱などの症状が出るまでの期間が，いわゆる**潜伏期間**です。
新型コロナウイルスの潜伏期間は5日前後で，何の症状もなくても，この潜伏期間中に新型コロナウイルスは体内で数をどんどん増やしていきます。

だから，症状が出ていなくても，ほかの人にうつしてしまう可能性があるということなんですね。

はい。潜伏期間中，あるいは無症状の人であっても，ウイルスが体外に放出されれば，だれかを感染させてしまうこともあります。

新型コロナウイルスの増殖

新型コロナウイルスが細胞内に侵入し，ウイルスのRNAと部品が複製され，たくさんの新たなウイルスとなって放出される過程をえがいた（1～3）。

1. 新型コロナウイルスのスパイクがACE2に結合すると，ウイルスは細胞内へ取りこまれる。ウイルスは，細胞内にRNAを放出する。

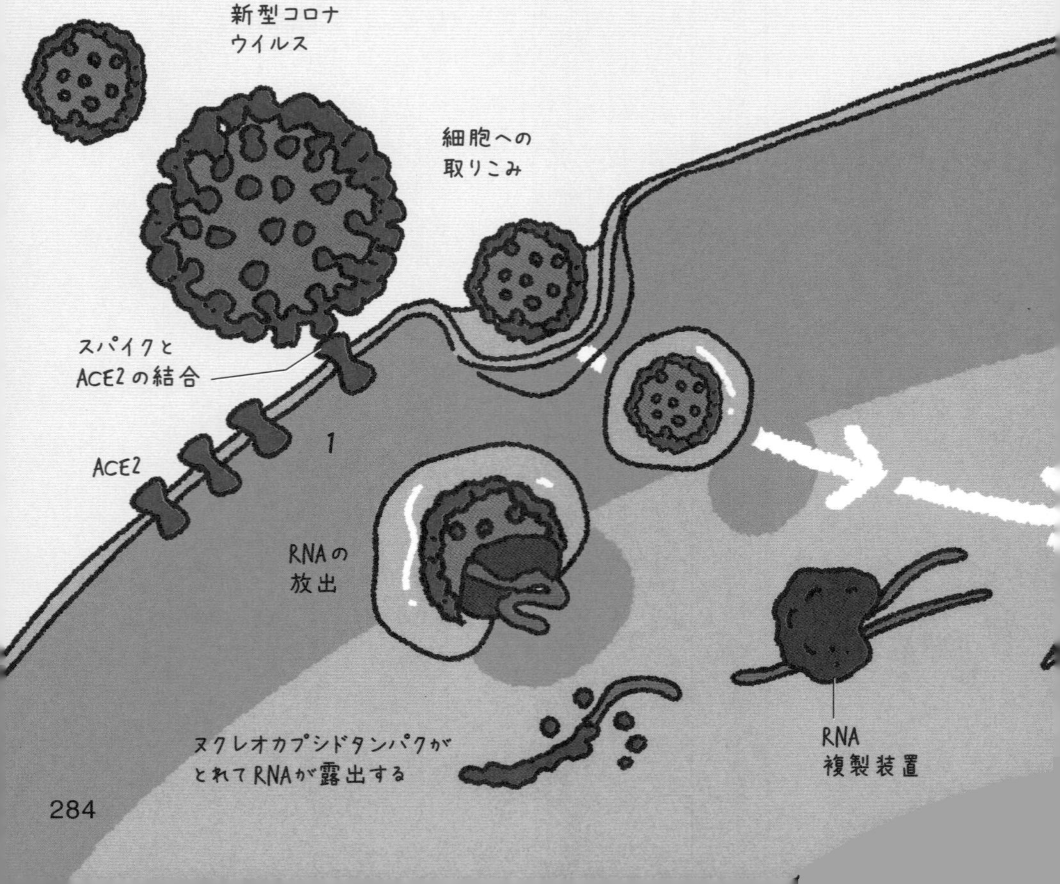

注：RNAの複製過程は実際にはもっと複雑です。
このイラストでは簡略化しています。

2. ウイルスのRNAが複製されます。RNAの遺伝情報を元に，小胞体の内側にウイルスの部品が合成され，ゴルジ体へ運ばれる。

3. ゴルジ体からウイルスの部品を含む膜が放出され，その膜の中に複製されたRNAが入り，新たなウイルスになる。

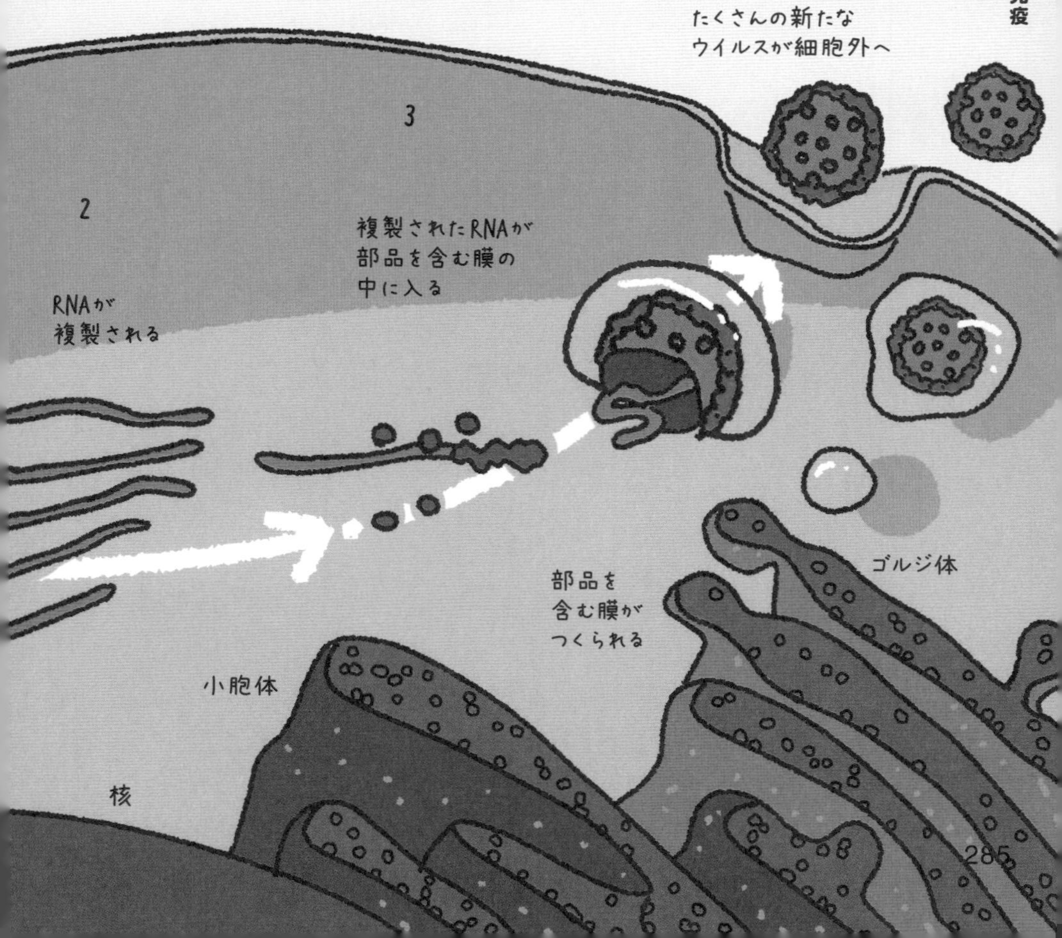

新型コロナは肺炎によって重症化する

新型コロナウイルスの主な症状は，呼吸に関するものでしたね。

そうですね。新型コロナウイルスの日本国内の感染者のうち，約８割は無症状または軽症でおさまります。しかし，残りの約２割は，**肺炎**（288ページ）を発症します。
肺炎が重症化すると，肺胞の「Ⅰ型肺胞上皮細胞」とよばれる細胞がダメージを受け，肺胞の外から内側へとしみこんでくる水分をくみだす機能がそこなわれて，肺胞に水分がたまっていく**肺水腫**をおこします。

肺に水がたまるなんて……。呼吸なんてできなくなりますよね。

そうなんです。本来，空気で満たされるはずの肺胞が水びたしになるわけですから，血液とのガス交換ができなくなり，呼吸困難におちいります。これが肺の広範囲でおきた状態が**急性呼吸窮迫症候群（ARDS）**です。

ARDSでは人工呼吸器や人工心肺装置などを使った治療がおこなわれますが，世界中で多くの命がARDSによって失われています。
新型コロナによる死者の約9割でARDSがみられたとする報告もあります※。

ARDSは，装置を使っても助からない可能性が高いのですね。

ARDSだけではありません。新型コロナウイルス感染症にみられる特徴的な肺炎が**間質性肺炎**です。
間質は，肺胞と肺胞をへだてる壁の組織のことです。つまり肺胞の内側だけでなく，肺胞の壁でも炎症がおきてしまうのが間質性肺炎なのです。

そうなると，どういう症状になるんですか？

炎症によって傷ついた壁を修復するため，間質ではコラーゲンが過剰につくられて，肺胞の壁が厚くなります。
その結果，ガス交換がさらに困難になってしまうのです。
しかも，いったん厚くなってしまった肺胞の壁は元に戻りにくいため，ウイルスが消えても息苦しさが残る**後遺症**が残ることになります。

新型コロナでは，いろいろな後遺症が続くことも問題となっていますね。

※：Incidence of ARDS and outcomes in hospitalized patients with COVID-19: a global literature survey. Crit Care.(2020) doi:10.1186/s13054-020-03240-7

新型コロナの肺炎

健康な肺の肺胞（A）と，新型コロナウイルス感染症で肺炎になった肺の肺胞（B）をえがきました。

A. 健康な肺の肺胞

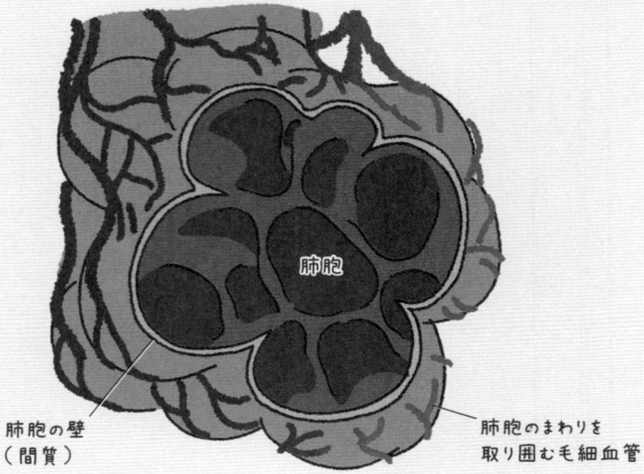

B. 新型コロナで肺炎になった肺の肺胞

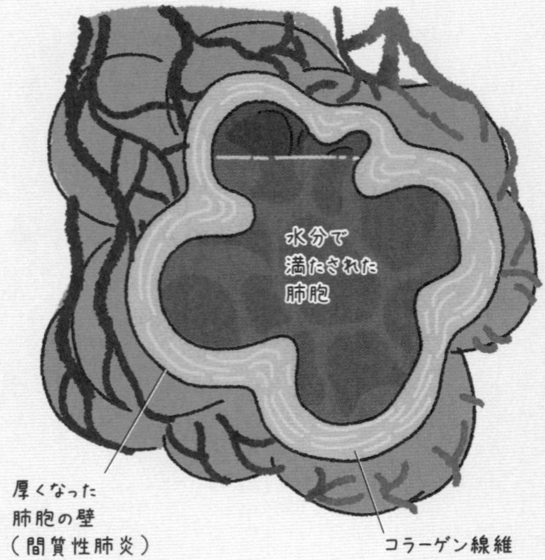

肺胞の細胞がダメージを受けると，肺胞内へと侵入する水分を外にくみ出すことができなくなり，内部が水分で満たされてしまいます（肺水腫）。また，ダメージを修復するためにつくられるコラーゲン線維によって，肺胞の壁が厚くなります（間質性肺炎）。その結果，ガス交換が困難になります。

新型コロナが引きおこす免疫の暴走

新型コロナウイルスの流行をきっかけとして，**サイトカインストーム**という言葉を知った人も多いかもしれません。

名称だけは耳にしたことはあります。でも，どういう状態なのかはよくわかっていないですね。

1時間目でお話ししましたが，サイトカインとは，体内に侵入した異物と戦う免疫細胞によって放出される物質です。

味方の免疫細胞に敵の位置を知らせる“通信”や“警報”みたいなはたらきをするんでしたよね。

その通りです。**サイトカインストームとは，炎症にともなって放出されるサイトカイン（炎症性サイトカイン）が，まるで嵐のように過剰に放出され，ヒトの細胞にまでダメージをあたえる現象のことです。**
そして，このサイトカインストームが，新型コロナを重症化させる大きな要因であることがわかっています。

そうなんですか!?

はい。新型コロナウイルスに感染して肺炎をおこしてしまうと，ダメージを受けた細胞や免疫細胞からサイトカインが過剰に放出されます。

その結果，サイトカインストームがおき，ARDSのリスクが高まってしまうのです。

なるほど……。

また，血液中に侵入した新型コロナウイルスは，血管の内壁をつくる細胞にも感染します。すると，ダメージを受けた血管の細胞や免疫細胞からもサイトカインが放出されます。

ということは，サイトカインが全身にまわってしまうんじゃないですか!?

その通りです。サイトカインストームの影響は血液を通じて全身におよぶことになり，肺以外の臓器にも炎症をもたらしてしまうのです。
さらに，サイトカインストームによって，血管の内壁が破壊されたり，血液を凝固させるしくみに異常がおきたりして，血のかたまりである「血栓」ができやすくなります。この血栓が，心臓や脳などに到達することで，深刻な影響をあたえるようにもなります。

これは，1時間目でお聞きしたように，免疫システムが，逆に私たちの体を破壊してしまうという状態ですね。

そうです。最近の研究で，サイトカインの量は幼児や子どもで少なく，加齢とともに多くなることがわかりました※。重症化が子どもで少なく，高齢者で多い理由に，サイトカインストームが関係しているという見方もあります。

※：Reduced development of COVID-19 in children reveals molecular checkpoints gating pathogenesis illuminating potential therapeutics. PNAS(2020) doi:10.1073/pnas.2012358117

新型コロナ重症患者の血管

新型コロナウイルス感染症の，重症患者の血管をえがいた。サイトカインストームが血管にダメージをあたえ，血栓がつくられやすくなる。

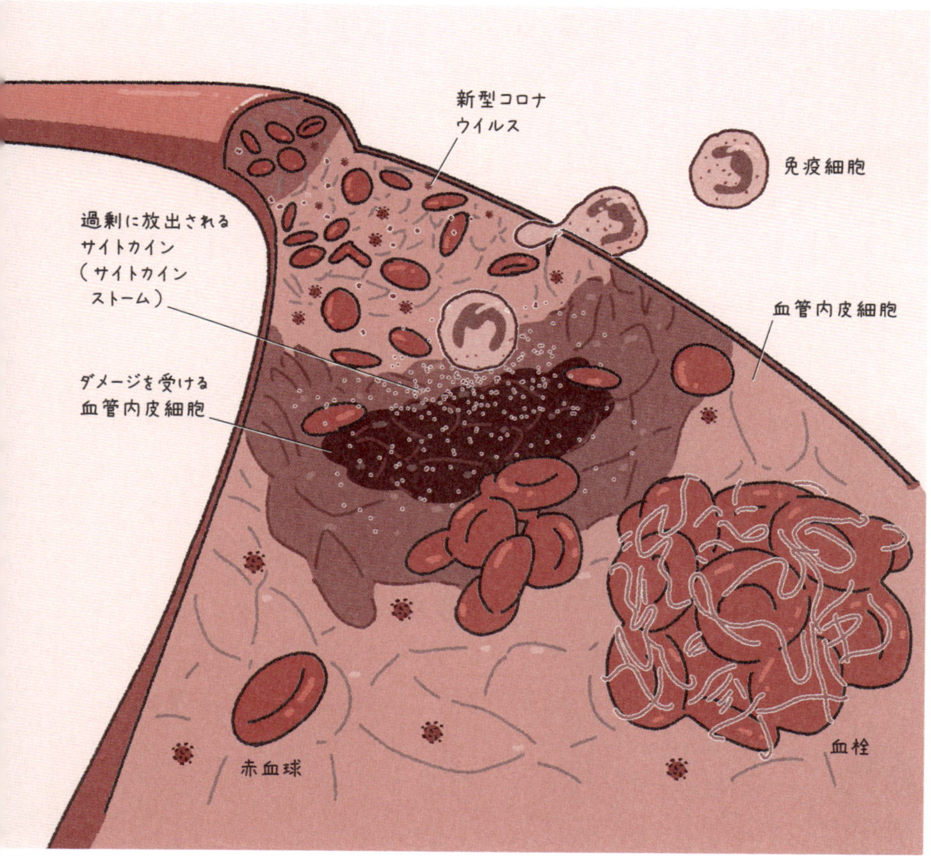

1. 新型コロナウイルスが，血管内皮細胞に感染するなどして，ダメージをあたえる。

2. ダメージを受けた血管内皮細胞や血管の外からやってきた免疫細胞から，サイトカインが放出されて，サイトカインストームがおきる。

3. サイトカインストームは，血栓を生じやすくします。この血栓が，心臓や脳などに深刻な影響をあたえることがある。

注：イラストのウイルスは，大きさを誇張してえがいています。

はじめて実用化されたRNAワクチン

先生，こんなにたくさんの変異株が誕生している状況で，有効なワクチンの開発はむずかしいのではないでしょうか。

そうですね。では最後に，新型コロナウイルスのワクチンについて，少しご説明しましょう。
ワクチンとは，体に免疫応答をおこし，病原体の感染を予防する医薬品です。3時間目でお話ししたように，従来のワクチンは，大きく分けて2種類あります。

弱毒化させた病原体を利用する「生ワクチン」と，病原体やその一部を不活化して利用する「不活化ワクチン」でしたね。

その通りです。しかし，新型コロナのワクチンとしてはじめて，新しい種類のワクチンが実用化されたのです。
それが**核酸ワクチン（mRNAワクチン）**です。

どんなワクチンなんでしょうか？

核酸ワクチンは，抗原をつくりだす情報が書きこまれたDNAやRNAなどの核酸を人工的に合成し，それを抗原として用いるものです。
新型コロナウイルスの場合，ウイルス表面の「スパイクタンパク質」を抗原として，それをつくりだすRNAを人工的につくるのです。

核酸ワクチンを投与することで，核酸に書きこまれた情報にしたがって，私たちの体の中で抗原がつくりだされるというしくみです。

なるほど……。この場合，新型コロナウイルスそのものでワクチンをつくるのではなくて，スパイク部分だけのワクチンをつくるということですか。そんなことができるんですね。

そうなんです。今回はじめて核酸ワクチンが実用化されたのは，パンデミックでワクチン開発にスピード感が求められていたという背景があります。
生ワクチンや不活化ワクチンは，ウイルスの弱毒化や不活化が不十分だと，ワクチン自体が毒性をもってしまいます。そのため，製造の条件を慎重に決める必要があり，時間がかかりました。
一方，核酸ワクチンは，ウイルスの遺伝情報さえわかれば，不活化するプロセスも必要なく，比較的容易に開発できるというメリットがあるのです。

世界各国でパンデミックがおきているような状況では，効果的なワクチンがすぐに供給できるかどうかは，とても重要なことですよね。
でも，核酸ワクチンがすでに承認されているのは，異例の速さではないですか？　安全性は大丈夫なのでしょうか。

実はRNAワクチンのアイデアは30年ほど前からすでに存在していたんです。

確かに，RNAをそのまま投与すると体がただちに異物と認識し，自然免疫系※の反応によって接種部分にひどい炎症がおきてしまいます。そこで，通常のRNAとは化学的に少しことなるRNAを用いて，自然免疫系の反応をおこしにくくする技術が開発されています。
また，ヒトの細胞が，RNAを取りこみやすくするための技術や，取りこまれたあとにこわれにくくする技術も進みました。

30年も前から，すでにそのような研究が進められていたんですね……。現代医学は日進月歩といいますが，こうした長年の蓄積があるんですね。

ただし，ワクチン接種にはやはり副作用は発生します。また，ごくまれに「アナフィラキシー」とよばれるはげしいアレルギー反応がおきることがあります。

ウイルスの遺伝情報を体に入れるわけですから，ちょっとこわい部分も正直あります。感染がおきてしまうことはないのですか？

RNAからつくられるスパイクタンパク質は，あくまでもウイルスの一部分にすぎないので，RNAワクチンによって感染がおきることはありません。
また，RNAが半永久的に体に残ってしまうことが心配だという人もいます。しかし，RNAは，体の中の酵素などによって非常に分解されやすい性質をもつため，体内に長くとどまることもないのです。

※：Tracking Changes in SARS-CoV-2 Spike: Evidence that D614G Increases Infectivity of the COVID19 Virus. Cell(2020) doi/10.1016/j.cell.2020.06.043

確かに，スパイク部分だけですもんね。

ただし，同じ核酸ワクチンでも，DNAを投与するタイプでは，細胞の核の中にDNAが入りこむため，長期的に考えたとき，低頻度ですが核内のDNAと組みかわるおそれがあります。しかし，RNAは核に入りこむことが基本的にないので，RNAワクチンによってDNAの遺伝情報が書きかえられる心配はありません。
また，スパイクタンパク質が変異したウイルスに対しても，RNAのもつ情報を少し変えるだけで対応できる可能性もあります。

RNAワクチンは，いろいろなメリットがあるんですね。

現在，ワクチンで得られる免疫は，数か月程度しか持続しないのか，それとも数年から数十年にわたって持続するのかは，長期間の観察が必要です。
また，ワクチンは，感染・発症を完全に予防するものではなく，主に重症化を予防するものです。新型コロナワクチンも，基本的には，感染・発症の予防よりも，主に重症化を予防するものになる可能性があります。ワクチンだけにたよらない感染症対策が，引き続き重要です。

先生，今後ですが，さらに強力な変異株が出てくるというようなことはないんですか？

今のところ，病原性が大きく高まった変異型の新型コロナウイルスは確認されていません。

また，長い目で見れば，ウイルスは基本的に弱毒化する方向に進化するといわれています。なぜなら，感染しても宿主を殺さずに長く生かし，みずからの子孫をより多く残すほうが，ウイルスにとっても有利だからです。

5種類のワクチン

	ワクチンの特徴	主な製薬会社		
不活化ワクチン	不活化したウイルスを接種。体内に入ったウイルスのタンパク質に対して免疫が獲得される。	KMバイオロジクス（日本）など。		体内に接種
組換えタンパクワクチン	ウイルスがもつスパイクなどのタンパク質を人工合成し，それを体内に接種する。	サノフィー（フランス）ノババックス（アメリカ）／武田薬品工業（日本）塩野義製薬（日本）など。		体内に接種
DNAワクチン	人工合成されたDNAを接種。その遺伝情報をもとにウイルスのタンパク質が体内でつくられる。	アンジェス／タカラバイオ（日本）など。		体内に接種
ベクターワクチン	ウイルスの遺伝子を含むDNAをベクター（別のウイルス）に入れて接種。	アストラゼネカ（英）ジョンソン&ジョンソン（米）カンシノ・バイオロジカル（中国）IDファーマ（日本）など。		体内に接種
RNAワクチン	ウイルスのRNAを，脂質でできたカプセルに入れて接種。	ファイザー（アメリカ）モデルナ（アメリカ）サノフィー（フランス）第一三共（日本）など。		体内に接種

確かに，宿主となる生物を死なせてしまったら，自分たちも生き残れないですからね。

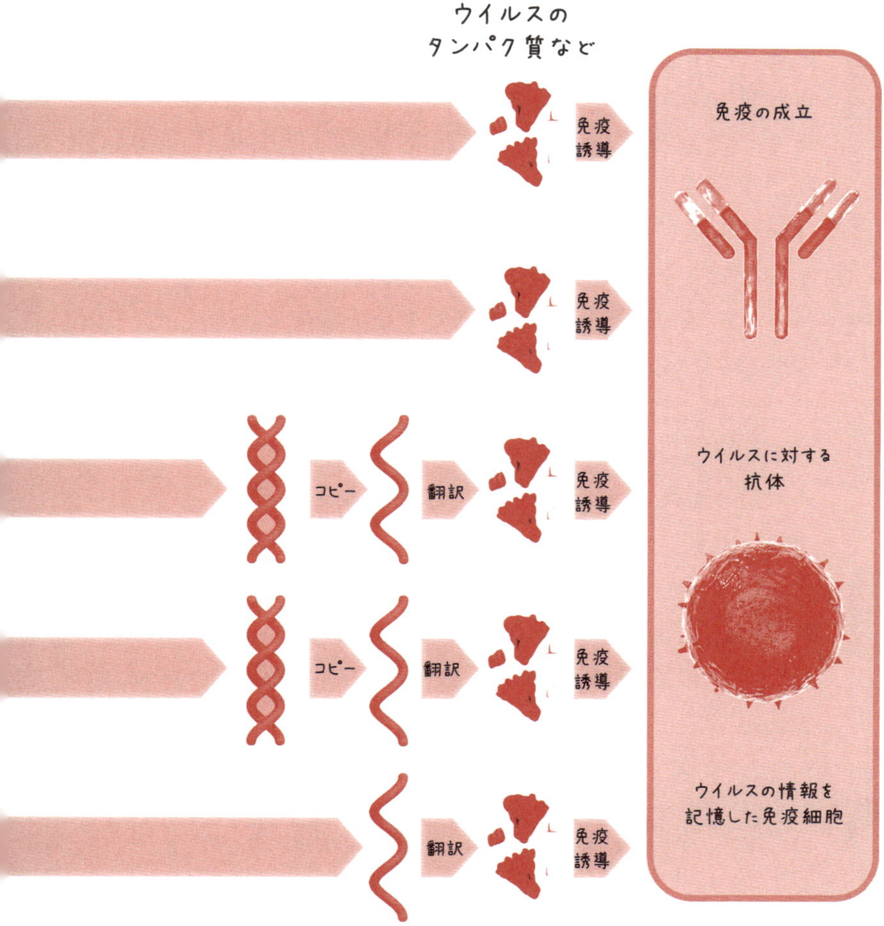

ただし，新型インフルエンザで懸念されているように，ウイルスの変異が病原性を大きく高める可能性は常にあります。
ウイルスが変異すれば，それまで有効だったはずの治療薬やワクチン，獲得した免疫の効果が失われる可能性もあります。そのため，世界中の専門家たちは今も，新型コロナウイルスの変異に目を光らせ続けているのです。

新型コロナは下火になっているような印象を受けますけど，やはりまだまだ油断ならない状況なんですね。
先生，今回は免疫のしくみとともに，ウイルスや細菌，新型コロナについてもたくさん知ることができました。
パンデミックのころはただおそろしかったですが，ヒトの免疫はもちろん，ウイルスや細菌の生き残りをかけたしくみを知り，本当に驚きました。
本来は密林の奥に封印されていたウイルスを，近代社会がこじあけてしまったということも，心に留めたいと思います。この社会が続く限り，今後もまた未知のウイルスが登場してくる，ということですよね。

そうですね。免疫システム，ワクチンに対して病原体は敵ではありますが，そもそもは共存しているものであり，おたがいに関連性があります。それを理解していただけると嬉しいですね。

先生，**どうもありがとうございました！**

索引

A～Z

あ

た

な

は

Staff

Editorial Management	中村真哉
Editorial Staff	井上達彦，宮川万穂
Cover Design	田久保純子
Writer	小林直樹

Illustration

表紙カバー	松井久美
表紙	松井久美
生徒と先生	松井久美
4~11	羽田野乃花 松井久美
13~25	松井久美
29	羽田野乃花
30	松井久美
31~36	羽田野乃花
38~43	松井久美
45	Newton Press
47~54	松井久美
55	羽田野乃花
56	松井久美
58~65	Newton Press
67	羽田野乃花 松井久美
69~71	Newton Press
74~83	松井久美
86-87	Newton Press
88	松井久美
92-93	Newton Press
95	羽田野乃花
98~103	松井久美
105~106	Newton Press
109	松井久美
110~117	Newton Press
119	松井久美
121	羽田野乃花
122	松井久美
123~126	Newton Press
129	松井久美
131	Newton Press
132	松井久美
137~139	羽田野乃花
140	松井久美
143~144	羽田野乃花
147	Newton Press
149	松井久美
150	羽田野乃花
154	松井久美
158-159	Newton Press
163~171	松井久美
172	羽田野乃花
173~177	Newton Press
181	松井久美
182~187	羽田野乃花
189~93	Newton Press
194	松井久美
197~207	Newton Press
209	松井久美
212	Newton Press
213	松井久美
217~221	Newton Press
223	松井久美
229~243	Newton Press
245	羽田野乃花
249~252	Newton Press
254~257	松井久美
267	Newton Press
269~270	羽田野乃花
276	Newton Press
279~285	羽田野乃花
286	松井久美
288~291	羽田野乃花
296-297	Newton Press
299~303	松井久美

監修（敬称略）：
石井 健（東京大学教授）

やさしくわかる！
文系のための 東大の先生が教える

免疫と感染症

2024年12月5日発行

発行人　松田洋太郎
編集人　中村真哉
発行所　株式会社 ニュートンプレス　〒112-0012東京都文京区大塚3-11-6
https://www.newtonpress.co.jp/
電話　03-5940-2451

ISBN978-4-315-52867-1